小龙虾

高效养殖技术

XIAOLONGXIA
GAOXIAO YANGZHI JISHU

刘 杰◎主编

中国农业出版社

主　编　刘　杰

编　委　李海兵　刘立明　刘志强
　　　　　王胜男　吴其平

序

■ "小龙虾、大产业"。小龙虾学名克氏原螯虾，原产于北美南部，20世纪前期被引入我国后，随着种群的自然扩散和人类的生产活动，小龙虾已成为我国最重要的淡水经济虾类。小龙虾肉质细腻、营养丰富、味道鲜美，深受广大消费者的喜爱，已在中国占据了5％的餐饮单品市场。除供食用外，小龙虾在医药、环保、保健、饲料及科学研究等领域也有广泛运用，其加工产业链条具有广阔的延伸前景。同时，小龙虾也是我国重要的出口水产品之一。据统计，2016年，我国小龙虾出口量达2.33万吨，欧洲市场90％的小龙虾都来自我国，因此，小龙虾在我国内陆渔业经济产业中有着举足轻重的地位。然而，由于对小龙虾生物学特性的缺乏了解和受"污水都能生存"等错误观点的影响，农户的养殖模式和方式上存在着单一、陈旧、低效、多病等多种问题，加之食品安全、环境保护等现代意识的不断增强，我国小龙虾产业进入到了一个由传统粗放式养殖业向现代养殖业转变的发展机遇期。为使我国小龙虾产业发展实现突破，迈上一个新台阶，从政府到地方、从科研到生产、从公司到农户，都在积极地探索、思考并实践适合我国小龙虾产业发展的新道路。

　　■ 开发和推广健康高效的养殖模式，是今后小龙虾产业发展的主流以及突破产业发展瓶颈的关键。然而，在我国发展小龙虾的健康高效养殖模式，将面临技术基础、粮食安全、土地资源、环境保护、饲料资源、病害防控和经营管理等多种复杂因素的制约，实现我国小龙虾产业的平稳转型依然任重道远。本书就是在这个背景下编著的。本书以指导实际生产为目标，以"简练、易懂、实用"为撰写原则，结合典型案例，为从业者提供了符合现代小龙虾健康高效养殖模式的技术方案。本书可供广大小龙虾养殖从业者使用以指导生产，也可供有关科研单位、农业院校的技术人员和师生阅读、参考。

　　■ 希望本书的出版能让读者有效地掌握和运用现代小龙虾养殖模式和技术，获得更好的经济效益和生态效益，同时也能推动我国小龙虾养殖业健康可持续发展，保障我国食品安全和粮食安全。

顾泽茂

2017年12月25日于狮子山

目　录

序

第一章 小龙虾的生物学基础

第一节 小龙虾的特点及品种优势

小龙虾，原名克氏原螯虾，是螯虾科的种类，俗称红色沼泽螯虾或淡水小龙虾，原产于北美洲。1918年克氏原螯虾由美国移植到了日本的本州，1929年又由日本人将克氏原螯虾投放到我国的南京与滁州交界处。经过数十年的繁衍和迁移，克氏原螯虾现已扩展到江苏、安徽、湖北、浙江和上海等数十个省、市和自治区，遍布我国江河、水库、沟渠和池塘，成为我国自然水域中具较大种群规模的淡水虾类品种。将克氏原螯虾称为小龙虾并不十分恰当，因为淡水螯虾与龙虾是完全不相同的种类。目前有记载的淡水螯虾共有400多个种，广泛分布在世界各地，北美洲是淡水螯虾分布最为广泛的大陆。克氏原螯虾对环境有较强的适应性，虽然该虾产卵量较少，但繁殖效率较高，因此当水域中出现克氏原螯虾的踪迹时，想再清除该虾则是一件很困难的事。克氏原螯虾自20世纪80年代以来一直被视为破坏池塘、河道、水库的池埂和堤坝，抢食鱼类饲料和蚕食鱼苗的敌害品种，直至90年代末，克氏原螯虾的经济价值才被人们所认识。近年来，随着国内消费和加工出口数量的增加，克氏原螯虾的野生资源数量已难以满足市场的需求，因此开展人工养殖已成为必然的选择。

小龙虾适应能力强，繁殖速度快，迁移迅速，喜掘洞，对农作物、堤埂及农田水利设施有一定的破坏作用，在我国曾长期被视作敌害生物，至今仍有许多人忧虑，但小龙虾的掘洞能力、攀援能力以及在陆地上的移动速度都远比中华绒螯蟹弱。从总体上来看，小龙虾作为一种水产资源对人类是利多弊少，具有较高的开发价值。作为养殖品种，小龙虾有如下优势：

1. 小龙虾对环境的适应性较强，病害少，能在湖泊、池塘、河沟、稻田等多种水体中生长，养殖条件要求不高，养殖技术易于普及。

2. 小龙虾能直接将植物转换成动物蛋白，且生长速度较快，一般经过

图1-1 小龙虾

3 ~ 4个月的养殖，即可达到上市规格，因而具有较高的能量转换率。

3. 小龙虾食性杂，以摄食水体中的有机碎屑、水生植物和动物尸体为主，无需投喂特殊的饲料，不仅养殖成本低，而且生长快，产量高，效益好。

4. 小龙虾捕捞方法简单，能较长时间离水，运输方便，运输成活率高。在捕捞及产品的运输上省时、省工，费用低，养殖鱼类与之无法比拟。

5. 小龙虾味道鲜美，营养丰富，是我国城乡大众的家常菜肴，也是我国淡水水产品的主要出口品种，深受国内外市场的欢迎，产品供不应求，市场前景广阔。

第二节　小龙虾的生物学特性

一、形态特征

1. 外部形态

小龙虾在动物分类学上隶属节肢动物门、甲壳纲、原螯虾属，又名克氏螯虾、克氏原螯虾或淡水小龙虾，属中小型淡水螯虾类品种。小龙虾性成熟个体呈暗红色或深红色，未成熟个体淡褐色、黄褐色、红褐色

不等，有时还见蓝色。克氏原螯虾的虾体可分成头胸部和腹部两部分，头胸部庞大，约占体长的一半，由头部6节和胸部8节愈合而成，分节不明显。头胸甲的背面具尖锐的额角，额角长约为头胸甲的1/3，基部两侧各具一复眼。头部的5对附肢分别为第一触角、第二触角、大颚、第一小颚和第二小颚，胸部附肢共8对，分别为第一至第三颚足和第一至第五步足各一对，前3对步足均呈钳状，其中第一步足粗壮发达，后2对步足末端呈爪状。腹部7节，分节明显，具附肢6对，第一至第五腹节各具一对腹足，第七腹节为尾节，呈椎状，与尾肢共同组成尾扇，腹面正中有一纵裂为肛门。性成熟时雌雄虾第一、第二腹足差异明显，雄虾第一和第二腹足特化为交接器，二腹足内肢上具一三角形硬质的雄性附肢，雌虾的第一腹足退化，短小。虾体外观略呈纺锤形，最大的个体体长14～16cm、体重为100～120g，同龄的雄虾体长略大于雌虾，性成熟后，雄虾的第一步足较雌虾粗壮。克氏原螯虾的体色变化较大，幼体时期多数个体呈灰白色，长至幼虾时体色转为灰青色，当饵料和生态条件发生变化时可转为红褐色，性成熟后，体色加深，多数个体呈红褐色，少数个体呈褐青色。

2.内部形态

（1）循环系统 克氏原螯虾的心脏位于头胸部背侧后缘围心窦中，有心孔3对，一对在背面，两对在侧面。血液自心脏向身体前后经7条动脉流出。从心脏前行发出5条动脉，即眼动脉1条、触角动脉2条、肝动脉2条。从心脏后端向后发出一条腹上动脉、一条胸动脉，胸动脉穿过头部中央到达腹神经索，再向前分出胸下动脉和向后分出腹下动脉。克氏原螯虾的血液无色，内含血蓝素。

（2）消化系统 克氏原螯虾的消化系统由前肠、中肠和后肠三部分组成。前肠与口、食道和胃相连，食道较短，胃囊状，分为贲门胃和幽门胃。贲门胃内壁有钙化的齿状突起，称为胃磨，中肠很短，与前胃相接。肝胰腺位于中肠两侧，有肝管与中肠相通。后肠细长，位于腹部背面，其末端为呈球形的直肠，并与肛门相连。

（3）呼吸器官　鳃位于胸部两侧，鳃呈羽状，共有17对，足鳃6对，着生于第二颚足至四对步足基部两侧，关节鳃11对，着生于第二颚足、第三颚足至第四步足附肢与体壁关节膜上，其中第二颚足上一对，其他附肢上各有两对。

（4）感觉器官　克氏原螯虾有一对有柄的复眼和一对平衡囊。平衡囊位于第一触角基节内，囊内有平衡石和刚毛，可感知虾体的位置变化。此外，虾体上的刚毛、第一触角、第二触角和口器上的感觉毛具有触觉、嗅觉和味觉的感知功能。

（5）排泄器官　排泄器官是一对触角腺，又称绿腺，位于第二触角基部，分腺体部与呈薄膜状的膀胱两部分。膀胱通过排泄管开口于第二触角基部。

（6）神经系统　脑神经节位于食道上方，其神经分布至眼和两对触角，食道下神经分布至大颚、小颚和颚足。围食道神经1对，与脑神经节和食道下神经连接成环状。食道下神经节与腹神经索相连。

（7）生殖系统　雌、雄虾的生殖腺位于胸部背面与心脏和胃之间，呈三叶状，前端分离成两叶，后端愈合为一叶。雄性精巢呈白色，位于围心窦腹面。输精管开口于第五对步足基部内侧，输精管末端膨大成精囊。雌虾卵巢性成熟时呈深褐色，发育初期呈白色，中期呈暗绿色。卵巢位于头胸甲背面两侧，经两条输卵管开口于第三步足基部内侧，第四、第五步足基部之间的腹甲上有一椭圆形凹陷，为雌虾的纳精囊。

二、生活习性

小龙虾为夜行性动物，营底栖爬行生活。常栖息于河道、田沟、池塘、沼泽、湖泊、水库和稻田等淡水水域中，并在水域的斜坡上借助螯足营造洞穴栖居和繁殖。通常在水草丛生或有机碎屑及腐殖质丰富的水域中分布密度较高。白天光线强烈时克氏原螯虾大都喜欢栖息于水草之下或躲藏于洞穴中，晚上多数栖息于水草上或池岸边，活动范围大于白天。

小龙虾有较强的攀爬能力和掘洞能力，在水体缺氧、缺食、污染等不良生活环境下，常常会爬出水面进入另一水体。在气温不超过18℃的条件下，小龙虾离水后可存活7～15d，夏季离水后在保持湿润的条件下可存活2～5d，冬季枯水期，岸边泥洞中的成虾利用雨水和晚间的露水使鳃部保持湿润可存活1～2个月甚至更长。脱水时间较长的虾若投放到水中将会产生应激反应和拒食现象，成活率低于50%。下大雨时，小龙虾常爬出水体外活动。在无石块、杂草及洞穴可供躲藏的水体中，小龙虾常在堤岸处掘穴。洞穴的深浅、走向与水体水位的波动、堤岸的土质及小龙虾的生活周期有关。小龙虾洞穴最长的可达1m，直径可达9cm。小龙虾能利用人工洞穴和水体内原有的洞穴及其他隐蔽物，掘穴行为多出现在繁殖期。在水位升降幅度较大的水体和龙虾的繁殖期，所掘洞穴较深，性成熟后的成虾在繁殖期或越冬期常采取穴居的方式，洞穴最深可达1m以上，每个洞穴通常有1～2只虾。

小龙虾对水体的低氧有较强的适应性。一般水体溶氧保持在3mg/L以上即可满足其生长所需。当水体溶氧不足时，小龙虾常攀援到水体表层呼吸或借助于水体中的杂草、树枝、石块等物将身体偏转，使小龙虾一侧的鳃腔露出水体表面呼吸，甚至爬上陆地借助空气中的氧气呼吸。小龙虾可以在极其恶劣的生态环境条件下生存，但前提是水体中必须有丰富的天然饵料，同时水体的溶氧量不可太低。小龙虾对水温并无特殊的要求，其生存水温为1～40℃，生长水温为10℃以上，最适水温为16～33℃。当水温低于10℃时，便会潜入洞内越冬，但整个冬季小龙虾仍有爬出洞穴觅食的活动。当水温高于33℃时白天进入深水区，晚上则大多集中在浅水区或草丛中觅食。

三、食　性

小龙虾是杂食性动物，以摄食有机碎屑为主，喜食动物性饵料。对各种谷物、饼类、蔬菜、陆生牧草、水生植物、水生藻类、浮游动物、水生昆虫、小型底栖动物及动物尸体均能摄食，也喜食人工配合饲料。由于植物性食物、有机碎屑等食物的易得性，在自然情况下，小龙虾的食物主要是以植物（水草）和杂质为主。据研究，在18 ~ 32℃时，小龙虾每昼夜摄食竹叶菜可达2.6%，水花生达1.1%，豆饼达1.2%，人工配合饲料达2.8%，摄食鱼肉达4.9%，而摄食蚯蚓高达14.8%，可见小龙虾喜食动物性饲料。在天然水体中，由于其捕食能力较差，在该虾的食物组成中植物性成分占98%以上。因此我们喂小龙虾以水草为主，搭配小麦、麸皮、饼粕、玉米等，也要搭配螺蛳、小杂鱼等。小龙虾不能捕捉游动较快的鱼类，但它能捕食鱼类的病残个体，在正常情况下，没有能力捕食鱼苗和鱼种。

小龙虾个体间争斗较多。当存在空间狭小、食物短缺等状况时，个体间为了竞争，会发生较多争斗，甚至同类相食，导致小龙虾发生大量的死亡和损失。

四、生长和脱壳特性

小龙虾与其他甲壳动物一样，必须脱掉体表的甲壳才能完成其突变性生长。在华中地区，10月中旬脱离母体的幼虾平均体长约1cm，平均体重0.04g。在条件良好的水体里，刚离开母体的幼虾生长2 ~ 3个月即可达到上市规格。小龙虾的蜕壳与水温、营养及个体发育阶段密切相关。幼体一般4 ~ 6d蜕皮一次，离开母体的幼虾每5 ~ 8d蜕皮一次，后期幼虾的蜕皮间隔一般8 ~ 20d。水温高，食物充足，发育阶段早，则蜕皮间隔短。性成熟的雌雄小龙虾，一般一年蜕皮1 ~ 2次。体长8 ~ 11cm的小龙虾每蜕一次皮，体长可增长1cm左右。小龙虾的蜕皮多发生在夜晚，人工养殖条件下，有时白天也蜕皮。

五、繁殖习性

小龙虾雌虾或雄虾的规格要求基本相同，平均规格以30 ~ 40g为宜，这是因为规格适中的雌虾不但性腺成熟度较好和多数已完成了交配，而且生命力较强，死亡率相对较低。30g以下的亲虾性腺成熟度较差，交配率低，产卵量少。亲虾个体超过45g时虽然产卵量增加了，但活力较差，成活率低。

优质亲虾除了要求规格大小适中、脱水时间较短和无寄生虫以外，还要求所购亲虾体色鲜艳，活动力强，用手捕捉时会张开大螯"拒捕"，具有上述特点的亲虾往往体质和活力较好，对环境变化的适应能力强，放养后成活率较高。

（1）**性比**　小龙虾繁殖雌雄比例一般是2～3：1。

（2）**性成熟**　小龙虾隔年性成熟，9月份离开母体的幼虾到第二年的7～8月份性成熟。6月份离开母体的幼虾到第二年的4～5月份性成熟。从幼体到性成熟，小龙虾要进行11次以上的蜕皮。其中幼体阶段蜕皮2次，幼虾阶段蜕皮9次以上。

（3）**交配与产卵**　小龙虾为一年一次产卵类型，繁殖季节一般在8～10月或4～6月份进行。1尾雄虾可先后与1尾以上的雌虾交配。交配时，雄虾用螯足钳住雌虾的螯足，用步足抱住雌虾，将雌虾翻转，侧卧。雄虾的钙质交接器与雌虾的储精囊连接，雄虾的精夹顺着交接器进入雌虾的储精囊。交配后，早则一周，长则月余雌虾即可产卵。雌虾从第三对步足基部的生殖孔排卵，并随卵排出较多蛋清状胶质将卵包裹，卵经过储精囊时，胶质状物质促使储精囊内的精夹释放精子，使卵受精。最后，胶质状物质包裹着受精卵到达雌虾的腹部，受精卵粘附在雌虾的腹足上，腹足不停地摆动以保证受精卵孵化所必需的溶氧。

在自然条件下，亲虾在交配前后开始掘穴，雌虾产卵和受精卵孵化的过程多在地下的洞穴中完成。小龙虾雌虾的产卵量随个体长度的增长而增大。体长10～12cm的雌虾，平均抱卵量为230粒。体长14cm以上的大雌虾，抱卵量可达400粒左右，体长6cm以下的小雌虾，产卵仅30粒左右。

（4）**受精卵的孵化**　雌虾刚产出的卵为暗褐色，卵径约1.6mm。在水温7℃的条件下,受精卵的孵化约需150d;15℃,约需46d;22℃,约需19d;24～26℃,仅需15d。如果水温太低,受精卵的孵化可能需数月之久。

(5)幼体发育 刚孵化出的幼体长5～6mm,靠卵黄营养为生,几天后蜕皮发育成二期幼体。二期幼体长6～7mm,附肢发育较好,额角弯曲在两眼之间,其形状与成虾相似。二期幼体附着在母体腹部,能摄食母体呼吸水流带来的浮游生物,当离开母体后可以站立,但仅能微弱行走,也仅能短距离地游回母体腹部。在一期幼体和二期幼体时期,此时惊扰雌虾,造成雌虾与幼体分离较远,幼体不能回到雌虾腹部,幼体将会死亡。二期幼体几天后蜕皮发育成仔虾,体长9～10mm。此时仔虾仍附着在母体腹部,形状几乎与成虾完全一致,仔虾对母体也有很大的依赖性,并随母体离开洞穴进入水体发育成幼虾。在水温24～26℃的条件下,小龙虾幼体发育阶段约需12～15d。

图1-2 抱卵小龙虾

图1-3 孵化后的小龙虾

第三节 小龙虾养殖与市场状况

小龙虾具有食性杂、繁殖力强、适应性广、生长速度快、抗病力强、成活率高等特点，因而小龙虾的养殖和加工已有百年历史。

苏联于20世纪初就利用湖泊水体实施小龙虾人工放流，并在1960年工厂化育苗实验成功。美国是小龙虾养殖最有成效的国家，美国路易斯安那州养殖小龙虾世界有名，所采取的养殖模式主要是"种稻养虾"，即在稻田里种植水稻，等水稻成熟后放水淹没，然后投放小龙虾苗，被淹的水稻直接或间接地作为小龙虾饲料。

我国在20世纪70年代开始养殖小龙虾。由于市场的原因，一直以来我国小龙虾的人工养殖没有形成气候。近些年许多省、市、自治区纷纷从湖北、江苏引进小龙虾试养，但多数都是人工放流养殖方式。目前，湖北、江苏、安徽、北京等少数省（市）人工养殖小龙虾已形成热潮。

小龙虾肉味鲜美，营养丰富。虾肉中蛋白质含量占鲜重的18%，脂肪为0.3%，氨基酸总量占蛋白质的77%，是一种高蛋白、低脂肪的健康食品，成为了我国城乡居民餐桌上的美味佳肴。加之虾壳富含钙、磷、铁等营养元素，可加工成饲料添加剂，也可提炼甲壳素、几丁质和甲壳糖胺等工业原料，广泛应用于农业、食品、医药、烟草、造纸、印染等领域。此外，近些年小龙虾大量出口欧美，成为了我国淡水水产品出口欧美的主要产品。由于小龙虾深受国内外市场的欢迎，市场供不应求，价格不断攀升，超过了传统鱼类的市场价格，因而使小龙虾产业具有较高的经济效益和广阔的发展前景，是农民致富的好渠道。

第二章 小龙虾养殖模式

随着国内外对小龙虾食用需求量的增加，仅仅依靠捕捞野生虾已远远不能满足市场需求，小龙虾的养殖已逐渐向着规模化、产业化的方向发展。当前，小龙虾主要依赖人工养殖以提高产量，并成为市场供应的主力军，所以其养殖模式一直是很多研究人员探索的重要问题。虽然目前已经有多种养殖模式，也积累了大量的数据资料，但还是存在较多问题制约着大规模养殖的发展。首先，小龙虾的养殖模式陈旧，很多养殖户还是参照鱼类和其他虾类的养殖模式，没有根据小龙虾自身的生理特性去创新出有效的养殖模式。其次，很多养殖户对小龙虾的养殖技术知之甚少，误认为高密度养殖模式即可获取高产。然而，高密度养殖不但不能获得高产，反而导致水质恶化，小龙虾疾病频繁出现，影响了产量和质量，也影响了小龙虾整个养殖产业的发展。再者，由于专业人员缺乏，大规模养殖技术落后以及推广力度不强，导致小龙虾规模化养殖发展较为缓慢。

迄今，小龙虾的人工养殖发展较快，湖北、江苏和安徽是我国小龙虾养殖的主要省份，养殖产量占全国小龙虾产量的80%以上，小龙虾已经成为我国淡水特种水产养殖的又一增长点。小龙虾产业目前还处于发展阶段，上升空间较大，因此解决当前存在的问题是促进该产业持续健康发展的有效途径。

成功的小龙虾养殖模式就是养殖者在充分考虑小龙虾生活习性的前提下，设计出能尽量满足其特殊生理和生态需求的养殖环境。深入研究小龙虾生长的生理特性，以便设计出最适合其生活习性的养殖模式。着重了解养殖地区的养殖环境条件和养殖习惯，针对不同地区探索创新出适合当地小龙虾生长的养殖模式。重点发展生态、健康、低碳的小龙虾高效养殖模式，加强标准化大规模养殖模式的推广力度。

当前，我国小龙虾重点养殖区域，经过多年的实验和探索，对小龙虾的养殖模式进行了多方面的改进，主要包括：

1.根据小龙虾生长速度快、养殖周期短的特点采用"一塘多茬"的养殖模式，捕大留小，边捕边放，极大地提高了小龙虾的养殖产量和养殖效益。

2.利用小龙虾的生物习性，开发出池塘精养、稻虾共养、莲藕与小龙虾共养、小龙虾与河蟹共养等多种养殖模式。通过多茬养殖和轮养的方式使养殖水面得到更充分地利用，以获取更高的经济效益，促进小龙虾养殖业的健康发展。

3.研究小龙虾暴发性疾病产生的原因，寻找有效的解决办法，实现健康、生态养殖。

4.根据小龙虾的摄食习性和营养需求开发出适合小龙虾的专用饲料，促进小龙虾健康快速生长。我们应该根据小龙虾不同生长阶段开发出相应的、营养成分合理的饲料以满足其生长。饲料配方的设计在注重高效的同时一定要注意生态、健康和低碳，尽量减少饲料对水体的污染，保证养殖产品的安全，实现效益的最大化。

目前，小龙虾成虾养殖主要采取的是池塘养殖、稻田养殖、莲藕塘养殖等方式。

第一节　小龙虾池塘养殖模式

一、池塘结构

用于小龙虾养殖的池塘，形状可以是长方形，也可以是规则的多边形土池，甚至多种不规则的池塘都可用于养殖。由于小龙虾是以虾笼或地笼网进行捕捞的，因此池塘的面积可以是几亩的小池塘，也可以是数十亩甚至是数百亩的外塘。小池塘通常多采用精养方式，而大池塘则以半精养、粗养方式为主。

池塘的深度为1.5 ~ 2.5m，水深为0.4 ~ 1.8m。池塘坡比为1 ： 1.5 ~ 2.5，养殖池坡比不可太陡，否则极易发生坍塌，且影响种植水草、小龙虾打洞等。

小龙虾在夜晚和雨天会爬出池坡逃逸，因此必须在池塘四周池坡上建立围栏防逃。围栏可用网片、塑料薄膜、玻璃钢瓦和钙塑板等廉价材料构建。围栏的高度为60cm，其中20cm埋入泥中，用竹桩固定，桩距1.2 ~ 1.5m。

池底要求平坦，底质以壤土为好，池坡土质较硬，池塘保水性好，水位易调控。在池塘的内沿池坝开挖环沟，形似"回"字。水源要求水质清新，溶氧充足，无污染。向池中注入新水时，要用两层60 ~ 80目纱布过滤，防止野杂鱼、鱼卵、蛙卵等随水流进入池中。按照高灌低排的格局，建好进、排水渠，做到灌得进、排得出。

在虾苗入池前，要认真进行池塘整理，去除淤泥和平整池底，使池底和池壁有良好的保水性能，尽可能减少水的渗漏。池堤要有一定的坡度，有利于提高水草种植面积和小龙虾生活和繁殖面积。

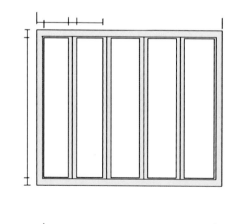

说明：
1. 上图黄色为池塘埂，池埂顶面宽3m，内坡坡度1 ： 2 ~ 3，外坡坡度1 ： 1.5。
2. 池埂中间黑色实线为防逃墙（网）。
3. 上图白色部分为池塘，每个面积4 ~ 5亩，长130 ~ 150m，宽20 ~ 30m。
4. 下图为池塘剖面图。
5. 下图黑色虚线为水平面线，由池塘外竖管决定高度，竖管可左右旋转。
6. 池塘外竖管通池内出水口，出水口有1m² 的水泥底座有可活动的刚性防逃网，网目20目以上。

图2-1 小龙虾养殖池塘平面图和截面图

图2-2 小龙虾养殖池塘现场图

二、小龙虾池塘养殖模式

池塘养殖模式主要有池塘专养小龙虾、池塘虾蟹混养模式。

1.池塘专养小龙虾模式

池塘专养小龙虾是指在池塘中把小龙虾作为主养品种，少量投放白鲢、花鲢、鳜鱼，是为了调节水质，控制野杂鱼，经济效益不注重考虑。池塘专养小龙虾，一般分为秋季投放种虾、春季投放虾苗两种投放养殖方式。秋季投放种虾，可在第二年的2、3月份开始起捕部分虾苗上市，留一部分虾苗继续养成，在4、5月份采用捕大留小、分批上市的方式，起捕成虾上市。春季投放虾苗，经过30～40d的养殖，用地龙网开始捕捞，捕大留小，分批上市。

2.池塘小龙虾、河蟹混养模式

该模式主要是小龙虾与河蟹在同一池塘内养殖。小龙虾和河蟹的生态习性很相近，同属甲壳类，自然分布、所需生长环境高度相似。通常，具有相似生态位的品种竞争作用较强，会产生争夺食物和空间的效应。小龙虾和河蟹现采用的养殖模式中主要生长时间有差异，形成了一定的时间区隔。

在实际养成中，小龙虾主要生长期为3～7月，在4～6月就陆续出售，剩下可作为种虾进行自繁，留存作下一年的种苗。而河蟹主要生长期为6～10月，出售时间基本在10月以后。所以两者在生长时间上可以

13

兼顾，比单一养殖品种生产更好地利用了水体，经济效益提高。

通过跟踪这两年小龙虾和河蟹混养的大量成功案例，养殖模式主要是两种：一种是以河蟹养殖为主，混养小龙虾；一种是以小龙虾养殖为主，混养河蟹。这两种养殖模式，对池塘要求基本一致。

以河蟹为主的混养模式：在4~6月底用地笼陆续捕捞小龙虾出售，到7月后不再捕捞小龙虾，河蟹到10月左右捕捞。

以小龙虾为主的混养模式：在3月小龙虾长大后就可用地笼每天捕捞小龙虾出售，捕大留小；河蟹到10月左右捕出。一般可亩产小龙虾150~250kg，河蟹产量为50~75kg。

小龙虾与河蟹混养技术要求较高，实际养殖中只要细心、把握好每个环节就能取得良好的经济效益。

第二节 小龙虾稻田养殖模式

我国是水稻生产大国，稻田养殖为农民的增收发挥了重要的作用，其中以稻田鱼类养殖和稻田河蟹养殖模式最为常见。小龙虾稻田养殖模式是近年发展起来的新的养殖形式，其中尤其以湖北、安徽的稻田养虾模式推广应用面积较大。

一、小龙虾养殖稻田结构

稻田养殖小龙虾，选择水质良好、水量充足、周围没有污染源、保水能力较强、排灌方便、不受洪水淹没的田块进行稻田养虾，面积少则几亩，多则几十亩或上百亩都可。沿稻田田埂内侧四周要开挖养环沟，沟宽3~5m，深1m，田块面积较大的，还要在田中间开挖田间沟，田间沟宽2~4m，深0.5~1m，养虾沟和田间沟面积约占稻田总面积20%左右。利用开挖养虾沟挖出的泥土加固加高田埂，平整田面，田埂加固时每加一层泥土都要进行夯实，防止下大暴风雨时使田埂倒塌。田埂面宽 3m 以上，田埂高 1m。进、排水口要用铁丝网或栅栏围住，防止小龙虾外逃和敌害进入。进水渠建在田埂上，排水口建在虾沟的最低处，按照高灌低排的格局，保证灌得进、排得出。

图 2-3　稻田养殖小龙虾现场图

二、小龙虾稻田养殖主要模式

小龙虾稻田养殖主要模式有稻虾连作、稻虾共生、稻虾轮作三种模式。

（1）稻虾连作　稻虾连作是指在稻田中种一季稻谷后养一茬小龙虾，如此循环进行。稻虾连作最好是选择中稻品种。中稻插秧季节比早稻迟，有利于下年稻田插秧前收获更大、更多的小龙虾。晚稻收割季节迟，不利用稻谷收割后投放种虾，此时的种虾已过最佳繁殖期。

方法是：选择中稻品种种一季稻谷。待稻谷收割后立即灌水，投放小龙虾种虾，到第二年 5 月份中稻插秧前，将虾全部收获。小龙虾捕捞不尽的，下半年在中稻收获完毕后留作种虾，继续养虾每年只需补种。

（2）稻虾共生　稻虾共生是利用稻田的浅水环境，辅以人为措施，既种稻又养虾，以提高稻田单位面积的经济效益。由于小龙虾对水质和饲养场地的条件要求不高，加之我国许多地区都有稻田养鱼的传统，在种稻效益有限的情况下，推广稻虾共生，可有效提高稻田单位面积的经济效益。稻虾共生模式可以选择早、中、晚稻均可，但一年只种一季稻谷，且水稻品种要选择抗倒伏的品种，插秧时最好用免耕抛秧法。稻田饲养小龙虾后可起到除草、除害虫的作用，使稻田少施化肥、少喷农药。

（3）稻虾轮作　稻虾轮作是利用稻田水体种一季稻，待稻谷收割后养殖小龙虾，第二年不种稻，第三年再种一季稻，如此循环进行。稻虾轮作有利于保持稻田养虾的生态环境，使虾有较充足的养料，减少虾的病原体种群量，同时让小龙虾有较长的生长期，能生产较大规格的优质商品虾，提高商品虾的品位和价位，增加养虾的经济效益。

第三节　小龙虾藕田养殖模式

藕田套养小龙虾是种植与养殖结合、生态互补的一种新型高效生产方式。一方面，藕田套养了小龙虾，藕田中水生植物为小龙虾提供附着物和隐蔽环境，藕田中的水草、底栖动物可为小龙虾提供丰富的天然饵料；另一方面，小龙虾套养在藕田中，既提高了藕田的利用率，又通过摄食藕田中的水草、莲蛆为藕田生态除草、除虫，省去了人工清除的麻烦。同时，小龙虾排泄物还为藕田增加了有机肥料，实现了藕田生态良性循环。

一、藕田选择

（1）养虾藕田的选择　养殖小龙虾的藕田，宜选择地势较低、保水性能好、水源充足、水质良好、无污染，且光照良好、水深适宜、灌排方便的田块。

（2）养虾藕田的建设　采用机械翻耕，对藕田内泥土进行疏松。同时，为了给小龙虾创造一个良好的生活环境和便于集中捕虾，应在藕田中和内沿四壁开挖虾沟，虾沟开挖深度为0.8～1m，宽度为1.5～3m。一般小田挖成"十"字形，大田挖成"井"字形。藕田的进水口与排水口要呈对角排列。为防止小龙虾掘洞打穿田埂，引发田埂崩塌，汛期大雨后发生漫田逃虾，需加固池埂。经加高、加宽和夯实后，田埂应高出藕田0.8 ～ 1m，埂宽2 ～ 3m。小龙虾有较强的逆水性，养虾塘在进水时和下大雨的天气易发生逃逸现象，因此，田埂上要加设防逃设施。防逃设施可用孔径为2.0mm的网片、厚质塑料膜或石棉瓦作材料，防逃网高出池埂面40cm以上。

二、小龙虾藕田养殖模式

藕田养殖小龙虾是指在藕塘中放养小龙虾、一般分为秋季投放种虾、春季投放虾苗两种投放养殖方式。秋季投放种虾，可在第二年的2、3月份开始起捕部分虾苗上市，留一部分虾苗继续养成，在4、5月份采用捕大留小、分批上市的方式，起捕成虾上市。春季投放虾苗，经过30 ～ 40d的养殖，用地龙网开始捕捞，捕大留小，分批上市。

小龙虾从开始用地笼起捕，捕大留小，晴好天气每天捕捞，莲藕从6月下旬开始采收，一直持续到来年清明前，大量采收集中在中秋节前后。

第三章　小龙虾各模式养殖技术流程

第一节　小龙虾池塘养殖技术

一、整塘、清塘

经过一年或数年小龙虾养殖的池塘，应该在10月底之前完成整塘、清塘工作。在9～10月份，把池塘内的小龙虾卖掉一大部分，剩余的小龙虾作为种虾。这段时间是小龙虾繁殖、打洞高峰期，因此，在用地龙网捕虾上市的同时，逐渐降低水位，给小龙虾繁殖、打洞提供条件。当池塘内水被抽干后，把未进洞的小龙虾捕捞上市，同时，修整池塘，暴晒塘底。最好能够把塘底撒上石灰，翻耕暴晒，使池塘晒成龟裂状，杀死底部的病原微生物、寄生虫虫卵和敌害生物等。

图3-1　小龙虾养殖塘的整理

新开挖的小龙虾养殖池塘，或者其他养殖品种改为养殖小龙虾的，要把池塘改为适合小龙虾养殖的形式，最主要使用推土机在池塘的内沿挖"回"字形沟。由于小龙虾需要打洞，因此池埂最少要有3m宽，防止小龙虾打穿池埂。"回"字形沟挖好后，要对池底进行平整，撒上石灰，再进行翻耕暴晒，使池塘晒成龟裂状，杀死底部的病原微生物、寄生虫虫卵和敌害生物等。

二、进　水

池塘修整后，从10月底到11月初进水，进水采用多次进水的方式。第一次进水，把水进到环沟内，把水深加到40～50cm时，停止加水，此时开始在沟内种植伊乐藻。伊乐藻种植成功后，随着伊乐藻的不断生长，逐渐加高水位，水位升高后，在沟坡上种植伊乐藻，水位随着伊乐藻的不断长高而升高，直到水位升高到中间的池底水深有10～20cm。此时，停止加水，在池塘中间的平滩上种植伊乐藻。种完后，观察伊乐藻的生长情况，当伊乐藻开始快速生长时，逐渐加高水位，使伊乐藻始终处于水面下生长，切不可让伊乐藻长出水面。平滩上水深达到30～40cm时，停止加水。加水在12月底至翌年1月份完成。如果池塘内已经有种虾的，

图3-2　池塘进水

观察虾苗出洞情况，如果虾苗出洞不理想，可通过快速排水，露出虾洞，然后快速加水至预定水位的方式，刺激虾苗出洞。进水时，在进水管口用两层80目网拦截野杂鱼和鱼卵、敌害生物进入池塘。

三、苗种投放

小龙虾养殖提倡"夏秋投种，春季补苗，捕大留小，轮捕轮放"，投放苗种主要包括夏秋投放种虾和春季投放虾苗两种方式：

（1）秋季投放种虾 第一年养殖的小龙虾塘，塘内没有种虾，在7～9月份，投放体重5钱以上种虾10～20kg/亩，雌雄比例2～3：1。最好是能够多次投放完成，并从不同地区采购亲虾，防止从同一池塘一次性采足亲虾，导致近亲繁殖，影响第二年苗种质量和养殖成活率。养殖过龙虾的池塘，池塘内有种虾，在7～9月份也要从其他地区采购种虾，放入池塘，每亩投放2.5～5kg，防止近亲繁殖，提高第二年的苗种质量。根据第二年的出苗量，决定卖苗，或者补苗。

图3-3 小龙虾性腺成熟

（2）春季投放虾苗 新挖塘，未能赶上投放种虾，可在3～5月份投放1钱左右幼虾20～30kg/亩。投放幼虾初期水深保持在30～40cm，后期随水温较高，逐渐加高水位至1m。虾苗投放不需要一次性投足，采用"轮捕轮放"的方式养殖，首次投放幼虾密度小，生长快，之后再多次补苗，并把达到商品规格的小龙虾捕捞上市，能够达到良好的养殖效果。

小龙虾放养应选择在晴天的早上或傍晚。放养时，选择池塘浅水区多点分散放养。小龙虾苗种投放水质指标要求：水温≥10℃，pH在7.5～8.5，亚硝酸盐≤0.05mg/L，氨氮≤0.3mg/L，溶解氧≥4mg/L，余氯≤0.01mg/L。小龙虾放养后，应在其适应池塘环境后，尽早开食，必须要有充足的营养，以促进其尽快适应池塘环境。

池塘养殖小龙虾，可少量套养花白鲢、鳜鱼，花白鲢可有助于调节水质和优化养殖环境，每亩投放20～30尾，鳜鱼可用于控制池塘内野杂鱼，每亩投放5～10cm长鳜鱼5～10尾。

图3-4 小龙虾苗种

四、种植水草

1.水草的作用

"虾多少，看水草"，种水草是小龙虾养殖成功的关键。水草不仅是小龙虾不可缺少的植物性饵料，也是小龙虾栖息、吃食、脱壳、躲避敌害的重要场所。同时，水草还有调节池塘水质、保持水质清新、改善水体溶氧的重要作用。

种草是指底部（环沟、池底）种沉水植物（轮叶黑藻、伊乐藻、苦草、眼子菜等），水面上移植水花生或水葫芦等，这些水草是经过多年实践证明可用于小龙虾养殖的水草良种。养殖过程中，要特别注意水草的种植和养护，确保水草在养殖过程中能够保持鲜活，这是小龙虾养殖成功的关键。

图3-5　小龙虾养殖池塘水草种植

2.水草的选择

（1）轮叶黑藻（又名节节草、温丝草）　轮叶黑藻的特点是喜高温、生长期长、适应性好、再生能力强，小龙虾喜食。轮叶黑藻被夹断后能节节生根，生命力极强，因此不会败坏水质，但轮叶黑藻不耐深水，水深为50～80cm为宜，否则也容易腐烂，所以，轮叶黑藻适合种植于浅滩上。

图3-6 轮叶黑藻

种植轮叶黑藻一般采用插栽法，把轮叶黑藻栽成8～15cm，在池塘滩上插栽，平均分布，前期加水深15～20cm，之后随着水草生长，逐渐加高水位。注意前期用网围保护，禁止草食性养殖动物进入，吃光轮叶黑藻，长成后再拆除网围。

(2)苦草（又名扁担草、面条草） 苦草具有虾蟹喜食、耐高温、不臭水的优点，缺点是容易被夹断，遭到破坏。特别是高温期给小龙虾、河蟹喂食改口季节，如果不注意保护，破坏会十分严重。有些以苦草为主的养殖水体，养殖户需要及时捞取，否则水草易腐烂，导致水质恶化。因此，苦草适合种植于环沟的边缘地带和浅滩处。

图3-7 苦 草

苦草一般在清明前后种植，在水温回升至15℃以上时播种，每亩播种草籽100～150g。精养塘直接种在田面上，大水面一般种在浅滩处。苦草在水底蔓延的速度很快。为促进苦草分蘖，抑制叶片营养生长，6月中旬前水位控制在20cm以下，6月下旬水位加至30cm，7月中旬水深加至60～80cm，8月初可加至100～120cm，通过控制水位的高低，促进苦草的生长。同时，每天注意清除被夹断的苦草，防止水质变坏。

（3）伊乐藻 伊乐藻发芽早，长势快，5℃以上即可生长。早期，其他水草还没长起来时，只有它能够为小龙虾、河蟹生长、栖息、蜕壳和避敌提供理想场所。伊乐藻植株鲜嫩，叶片柔软，适口性好，营养价值高，是小龙虾、河蟹的优质饲料，早春秋末生长最为旺盛。

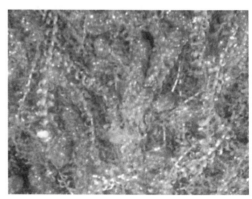

图3-8 伊乐藻

缺点是不耐高温，当水温达到30℃时，基本停止生长，水草容易漂浮起来并发生腐烂。伊乐藻覆盖率应控制在20%～30%，宜种植在环沟水位较深处，并适度稀养，保持株距和行距2米以上，中间空隙可搭配苦草、轮叶黑藻等。

伊乐藻的种植一般在秋冬或早春栽种，将草截为10cm的茎，插入淤泥中，栽插要预留一些空白带，作为日后虾、蟹的活动空间，栽插初期池塘保持20～30cm的水位，待水草长满全池后逐步加深池水。

图3-9 微齿眼子菜

（4）微齿眼子菜（湖北称黄丝草） 河蟹喜食，属于低温植物，不耐高温、生长快，但极易为大规格的小龙虾、河蟹摄食利用，很难度过高温期，可作为早期水草缺乏时的补充品种。

（5）水花生　水花生在池塘会浮于水面，嫩根须虾、蟹喜食，也便于虾、蟹在蜕壳时躲避敌害。水花生在种苗放养前后移植，用竹桩、木桩或三脚架固定，水花生群落占虾、蟹池总面积的20%左右。

图3-10　水花生

3.水草的合理搭配

一般情况下，水草覆盖率都应该保持在50%左右，养殖池塘实行复合型水草种植，种植水草品种在两种以上。

在小龙虾养殖池塘，利用伊乐藻发芽早、长势快的特点，将它作为前期主要水草，为小龙虾早期生长提供一个栖息、蜕壳和避敌的理想场所。主要在环沟种植，平滩上稀种，并留下空间。高温期到来时，要将伊乐藻草头割去，防止其死亡后腐烂变质臭水，在池塘中应该尽量稀种，避免水草过于密集产生死水角落。利用小龙虾喜食苦草的特点，把它作为小龙虾的"零食"，以保证小龙虾有充足的植物性饲料来源。苦草要分期分批播种，错开生长期，防止遭到一次性破坏。利用轮叶黑藻喜高温、虾喜食的特点，把它作为小龙虾池塘的主打草进行种植，把预留的空间播种苦草或种植轮叶黑藻。种植前，可用网围拦住空白区域，待苦草或轮叶黑藻长起来后，再撤掉网围。水花生宜在苗种放养前后移植。

根据以上介绍，一种较好的水草搭配模式为：40%轮叶黑藻、40%伊乐藻、20%苦草，搭配少量水花生。

4.水草的种植

根据各种水草的特性，选择在合适的时间种植适合的水草，可使小龙虾池塘常年保持水草鲜活，对小龙虾养殖成功与否非常重要。

（1）从11月底～12月开始，进水期间，气温和水温都较低，伊乐藻是最适合种植品种。首先在环沟内种植伊乐藻，随着水位的加高，在沟坡上和平滩上种植伊乐藻,特别是在平滩上种植的伊乐藻,应该尽量稀种,控制种植密度,大约在30%面积即可。

(2) 3~4月份,浅滩上空白区域播种种植苦草、轮叶黑藻等,大约经过1个月时间,苦草和轮叶黑藻就可长成,成为高温期的主要水草。

(3) 如果未及时播种苦草和轮叶黑藻,要在5月份,在池塘平滩上的空白区域插栽轮叶黑藻,并要用网围拦住,对刚种植的轮叶黑藻进行保护,待轮叶黑藻快速生长时,撤下网围。

(4) 高温期,如果水草没有培育好,或者水草遭到了严重破坏的,种植沉水植物已经来不及,为了最大限度保护小龙虾,可在池塘内移植水花生、水葫芦等。但水花生和水葫芦应该严格控制区域,用网片或竹框限制其随意扩张。

五、科学肥水

小龙虾池塘,从进水开始,就应快速肥水培藻,满足小龙虾塘的进水和种草的一定要求。因此,肥水培藻也应该按照科学的程序进行:

1. 11月份,开始向池塘环沟内进水。外源水要经过检测,不含有毒有害物质,并且含有少量的硅藻、绿藻的水是理想的养殖用水。首先向环沟内进30~40cm的新鲜含藻水。

2. 水进好后,放置1~2d,然后使用水体解毒剂,降解未知的各种毒害物质如药物残留、重金属等,并且可以疏通活化底泥,消除养殖隐患。

3. 定点堆肥。在进水前,可在池塘四周或角落里,定点堆积一些发酵有机肥,如发酵鸡粪、菜籽饼等。进水后浸泡堆肥,有机发酵的堆肥会源源不断地释放营养物质,有助于稳定水体营养的均衡和水质的稳定。

4. 施足基肥。环沟进水,种植完伊乐藻后,就要使用基肥快速肥水。基肥的使用原则是一次性施足,提供足够的水体营养,快速培育藻类。

因为这个时期气温和水温较低，藻类的繁殖和生长会很慢，为了能够培育出藻类，调节出水色，降低透明度，防止青苔滋生，基肥一般选择氨基酸类肥料，同时配合使用一些芽孢菌、EM菌之类的有益微生物制剂，甚至可以配合一些尿素、磷肥之类的无机肥一起使用。

5.基肥培育出藻类后，随着水草生长，水位的不断加高，少量多次的追肥，保持水体内藻类的稳定，并能够在12月至来年1月份培育出轮虫、枝角类等浮游动物，并维持浮游动物的生物量稳定，为培育小龙虾幼体提供充足的天然饵料。

6.在使用基肥和追肥的过程中，搭配使用芽孢菌、EM菌等有益微生物。有益微生物能够分解水体内的氨基酸肥料和多种有机物质，使其转化为藻类能够利用小分子营养物质；或者有益微生物可附着在颗粒有机物质上，形成生物菌团，能够成为浮游动物的优质饵料。因此，在肥水过程中，或者在日常管理过程中，应勤使用有益菌，优化养殖环境。

六、日常投喂管理

（一）养殖前期（9月份至来年2、3月份）

1.选择优质种虾，投放到整理好的池塘内。池塘内水位进入9月份后要逐渐降低，种虾投放到池塘，逐渐适应环境后，开始繁殖、打洞。这一时期，小龙虾需要能量进行繁殖和打洞，饵料以精饲料和动物性饵料为主，搭配南瓜、玉米等粗饲料投喂。

2.10月份左右，水位降低到最低。小龙虾在洞内生活，此时一般不需要投喂，如果环沟内还有少量水，可每隔几日在环沟内投喂切块的南瓜，以备气温适宜时小龙虾晚间出洞吃食。要定期检查沟内的南瓜是否被吃完，没有被吃完的捞出扔掉，以防霉变。这样，可降低种虾繁殖后的死亡率，可在第二年春季捕捞上市，这时期市场上商品虾较少，价格较高，种虾的上市，也会有一定的效益。

3.从10月底到第二年2月份，随着进水和种草工作的开展，水位会逐渐漫过龙虾洞，这时期也是小龙虾种苗的培育期。首先，注意在加水和种草的过程中，施足基肥，少量多次补肥，多用氨基酸肥料和有益微生物制剂，在调整水色的同时，培育浮游动物作为优质的龙虾苗种适口的天然饵料。天然饵料的多少和优劣，能够决定龙虾种苗的多少和质量。其次，在发现有种虾和虾苗出洞时，开始投喂优质精饲料和动物性饵料，少量搭配粗饲料，且种植的伊乐藻也成为龙虾的优质饵料。经过这一时期的投喂，可在第二年春季长出大量的优质小龙虾苗。

（二）养殖中期（2、3月份至5月份）

头年投放种虾的，春季培育大量龙虾苗，龙虾苗长到100～200只/斤时，开始捕捞虾苗上市。利用地笼网捕捞虾苗，尽量多捕虾苗上市，既可以创造效益，也可以降低池塘小龙虾苗种密度，存塘种虾会继续排卵孵化，因此，不用担心卖苗会影响池塘的苗种密度。如果头年没有投放种虾，应该在2、3月份采购优质虾苗投放，每亩投放20～30kg左右。

2、3、4月份，虾苗的投喂主要以精饲料为主，粗饲料为辅，水草作为"零食"，最好一天投喂两次，早晨一次投喂全天投喂量的30%，傍晚投喂全天投喂量的70%。

3、4、5月份，饲料调整为以粗饲料为主，精饲料为辅，水草也成为小龙虾的主要饲料来源之一，一天也是投喂两次。因为5月份是小龙虾的发病高峰期，精饲料为主的饵料搭配会增加小龙虾肝脏、肠道等功能器官的负担，造成体质下降，也会造成小龙虾性早熟，生成"铁壳虾"。由于小龙虾生长速度快，经过1～2个月的养殖，就可捕捞长成的商品虾上市，因此，这一时期就可以"捕大留小，分批上市"，既可以产生效益，又可以降低养殖密度和养殖风险。

（三）养殖后期（6～8月份）

6、7、8月份，进入高温期，小龙虾生长速度快。如果饲料供应不足，小龙虾会大量夹草进食，造成大量断草，因此，在修整、养护水草的同时，开始以精饲料为主，粗饲料为辅，水草作为"零食"，并把长成的虾大量起捕上市。

七、起捕上市

小龙虾养殖的精髓是"捕大留小，轮捕轮放"。小龙虾养殖全年都可进行捕捞，主要的捕捞上市期分为三个阶段：

1.春季2、3月份，越冬小龙虾从这一时期开始起捕虾苗。苗种过多时不论大小都要快速起捕上市，以防密度过大，影响规格和生长速度，加大养殖难度，增加养殖风险。充分利用时间和池塘空间提供单位产量。

2.尽早放苗，投喂优质饵料，促进龙虾快速生长。龙虾一般经过30d左右的投喂，就可以长到商品规格，到达商品规格的龙虾，就开始用地笼网捕捞上市。因此，在3～4月份，龙虾价格较好的时候，开始捕捞上市。

3.发病高峰期的4、5月份，捕大留小，把养到商品规格的龙虾起捕上市，降低养殖密度和养殖风险。根据捕捞后的苗种多少，选择是否补苗。

4.发病高峰期过后，进入高温期。经过投喂精饲料，小龙虾可快速达到商品规格，此时期，可每日或隔日捕捞商品规格的龙虾上市，既可以最大限度地提高养殖效益，又可以降低养殖风险，同时，随着养殖密度的逐渐降低，大规格、高品质的龙虾会越来越多，养殖效益大大提高。

八、小龙虾、河蟹高效混养模式

小龙虾和河蟹都是底栖的甲壳类、杂食性动物，生物学特性和生理特性相近，在水质要求上，两者都喜欢栖息在水质清爽的水域，混养时对水质要求没有矛盾。但是，小龙虾和河蟹都有较强的攻击性，在同一水体中属于同位竞争关系，因此，如果方法得当，会取得很好的经济效益，反之，如掌控不好，会出现两败俱伤。

通过跟踪这两年小龙虾和河蟹混养的大量成功案例，养殖模式主要是两种：一种是以河蟹养殖为主，混养小龙虾；一种是以小龙虾养殖为主，混养河蟹。两种方式的养殖流程也基本相似，具体操作上有一些变化。

1.清塘

在池塘初养时，可选用生石灰、漂白粉、茶麸或强氯精等对池塘进行彻底消毒清塘。对池塘已有留种小龙虾自繁的则不清塘。

2.种植和维护水草

在四周沟中栽种伊乐藻，以河蟹为主的可在池塘中央区域栽种苦草和轮叶黑藻等，以小龙虾为主养模式的可全池种植伊乐藻，也可以池塘中央区域栽种苦草和轮叶黑藻，种植成条块状，水草覆盖面积占池塘面积的40%～60%。养殖过程中要注意护理好水草，可10～15d施用一次长根的肥料，并注意水草疯长，水草疯长后要尽快割头、修整。留种小龙虾自繁的池塘，要在9月开始在四周沟边布置一些水花生或水葫芦等漂浮植物，以利于小龙虾幼苗附着等。

3.水质管理

在放苗前，可施用氨基酸类肥水产品，配合微生物制剂共同使用，培育好水质，可根据水色决定施用的次数和使用量，按照基肥施足、追肥少量多次的原则。

在养殖过程中，保持水体透明度在40cm左右，特别是留种小龙虾自繁的池塘9月后要保持施肥，但切忌施用碳铵、氨水肥水，以免引起小龙虾应激或死亡。养殖过程中，要将改底、解毒抗应激、肥水培藻、投放活菌制剂等多种措施结合起来，保持水质稳定、清爽，理化指标正常，保证水体中优良的藻相、菌相及相互平衡。

要注意钙质的补充。在3～6月5～10d施用一次补钙类产品；之后可按河蟹蜕壳期施用；留种小龙虾自繁的在冬季晴好天气要施用补钙产品1～2次。

4.苗种投放及养成模式

以河蟹为主养品种的混养模式，扣蟹每亩投放1 000～1 500只，可在2月之前投放；小龙虾可在3月左右投放1～3cm的虾苗0.5万尾。如有留种自繁，则在次年3月视虾苗情况是否补投，一般上年留有自繁小龙虾的池塘到次年3月左右的大都有较多虾苗，可捕捞部分出售。

以小龙虾为主的河蟹混养，可利用上年留种的自繁苗进行养殖；也可在3月前每亩投放1～3cm的虾苗1万尾左右；河蟹扣蟹苗可在4月左右投放，亩投放800～1 000只。在一些地方养殖河蟹有集中围养扣蟹再分散养殖的，可在5月后蜕完第2次壳后再投放养殖，亩投放500～800只。

5.投喂方式及收获方式

小龙虾和河蟹食性接近。根据主要养殖品种的特点，选择投喂方式。

以河蟹为主的混养模式：养殖前期，以精饲料和动物性饲料为主，搭配粗饲料投喂；高温期，以粗饲料为主，精饲料和动物性饲料为辅；9～10月份，再调整为精饲料和动物性饲料为主，粗饲料为辅。在4～6月底用地笼陆续捕捞小龙虾出售，到7月后不再捕捞小龙虾；河蟹到10月左右捕捞。

以小龙虾为主的混养模式：在4月份之前，以投喂精饲料和动物性饲料为主，搭配粗饲料投喂；4、5月份，以粗饲料为主，精饲料和动物性饲料为辅；6月份之后，精饲料、动物性饲料和粗饲料不分主辅，多样化投喂。在3月小龙虾长大后就可用地笼每天捕捞小龙虾出售，捕大留小；河蟹到10月左右捕出。

因此，虾蟹混养模式下，河蟹和小龙虾的捕捞和销售时间基本错开，从而增加养殖效益。

第二节　小龙虾稻田养殖技术

一、整塘、清塘

稻田养殖小龙虾的池塘，在稻田之中需要开挖虾沟。虾沟分为环沟和田间沟，主要是在稻田的四周挖沟，如果稻田面积比较大，也可在田间挖"田"字沟或"井"字沟。虾沟开挖面积占稻田的10%～20%，一般沟宽3～8m，根据稻田养殖面积决定。沟深1～1.5m，中间留10～20cm高的田埂，以便蓄秧田的水。

当前的稻田养殖小龙虾，一般是选择在10月份稻谷收割以后，到第二年的6月份，稻谷开始种植，一年种一季稻，10月份到第二年的6月份养殖小龙虾。因此，在10月份稻谷收割以后，要进行清塘。

1. 稻谷收割以后，将残留的稻秆和枯叶收拾干净，以防来年因为稻秆枯叶腐败造成水质发红发黑，影响水质和小龙虾苗种成活率。

2. 排干虾沟内的水，翻耕池底，暴晒池底，使池塘晒成龟裂状，杀死底部的病原微生物、寄生虫虫卵和敌害生物等。

3. 晒塘至10月底，开始进水，进水10cm左右，用生石灰或漂白粉清塘。

二、进 水

从10月底到11月初进水，进水采用多次进水的方式。由于稻田内存有大量的稻秸秆，稻秆水泡过一段时间后，会使水质发红发黑，因此，在正常进水养殖前，进、排水2～3次，每次进水后，把稻秆泡5～7d，水质发红发黑较重后，排出，再进水，浸泡稻秆，水发红发黑后，再排出。进行2～3次进排水后，进行正常的进水工作。第一次进水，把水进到环沟内，把水深加到40～50cm时，停止加水，此时开始在沟内种植伊乐藻。伊乐藻种植成功后，随着伊乐藻的不断生长，逐渐加高水位，水位升高后，在沟坡上种植伊乐藻，水位随着伊乐藻的不断长高而升高，直到水位升高到中间的池底水深有10～20cm。此时，停止加水，在池塘中间的平滩上种植伊乐藻。种完后，观察伊乐藻的生长情况，当伊乐藻开始快速生长时，逐渐加高水位，使伊乐藻始终处于水面下生长，切不可让伊乐藻长出水面。平滩上水深达到30～40cm时，停止加水。加水在12月底至来年1月份完成。如果池塘内已经有种虾的，观察虾苗出洞情况，如果虾苗出洞不理想，可通过快速排水，露出虾洞，然后，快速加水至预定水位的方式，刺激虾苗出洞。进水时，在进水管口，用两层80目网拦截野杂鱼和鱼卵、敌害生物，防止进入池塘。

三、苗种投放

小龙虾稻田养殖提倡"夏秋投种，春季补苗，捕大留小，轮捕轮放"，投放苗种主要包括夏秋投放种虾和春季投放虾苗两种方式。

1. 秋季投放种虾。第一年养殖小龙虾的稻田，田里没有种虾，尽早收稻、整塘，把虾沟挖出来后，就可以放种虾，最好是能够在10月份之前投放，如果过了10月份投放，由于气温和水温较低，小龙虾打洞消耗体力过大而补充不足，容易造成种虾死亡率较高。种虾一般选择体重5钱以上，每亩投放10～20kg，，雌雄比例2～3：1。最好是能够多次投放完成，并从不同地区采购亲虾，防止从同一池塘一次性采足亲虾，导致近亲繁殖，影响第二年苗种质量和养殖成活率。养殖过小龙虾的稻田，田内有种虾，一般小龙虾已经在田里打洞，在7～9月份，也要从其他地区采购种虾，放入池塘，每亩投放2.5～5kg，防止近亲繁殖，提高第二年的苗种质量。根据第二年的出苗量，决定卖苗或者补苗。

2. 春季投放虾苗。如果没有来得及在秋季投放种虾，可在春季2～3月份投放1钱左右幼虾20～30kg/亩。投放幼虾初期水深保持在30～40cm，后期随水温较高，逐渐加高水位至1m。虾苗投放不需要一次性投足，采用"轮捕轮放"的方式养殖，首次投放幼虾密度小，生长快，之后再多次补苗，并把达到商品规格的小龙虾捕捞上市，能够达到良好的养殖效果。

小龙虾放养应选择在晴天的早上或傍晚。放养时，选择池塘浅水区多点分散放养。小龙虾苗种投放水质指标要求：水温≥10℃，pH在7.5～8.5，亚硝酸盐≤0.05mg/L，氨氮≤0.3mg/L，溶解氧≥4mg/L，余氯≤0.01mg/L。小龙虾放养后,应在其适应水质环境后,尽早开食,必须要有充足的营养,以促进其尽快适应环境。

四、种植伊乐藻

1.伊乐藻的作用

稻田养殖小龙虾,种植伊乐藻是小龙虾养殖成功的关键。伊乐藻适合低温生长,特别适合稻田养殖小龙虾的养殖季节种植和生长。伊乐藻不仅能为小龙虾提供不可缺少的植物性饵料,也是小龙虾栖息、吃食、脱壳、躲避敌害的重要场所。同时,水草还有调节水质、保持水质清新、改善水体溶氧的重要作用。

由于稻田养殖小龙虾在10月份到第二年的6月份,因此种植伊乐藻就成为最佳的水草选择。养殖过程中,要特别注意伊乐藻的种植和养护,确保伊乐藻在养殖过程中能够保持鲜活,这是小龙虾稻田养殖成功的关键。

2.伊乐藻的选择

伊乐藻发芽早,长势快,5℃以上即可生长。在11月份进水后就可以种植。伊乐藻植株鲜嫩,叶片柔软,适口性好,营养价值高,是小龙虾的优质饲料,早春秋末生长最为旺盛。伊乐藻的缺点是不耐高温,当水温达到30℃时,基本停止生长,水草容易漂浮起来,并发生腐烂。而稻田养殖小龙虾,伊乐藻在1～6月能够生长良好,高温期间,是稻谷种植和生长期间,因此,稻田养殖小龙虾,只选择伊乐藻作为水草种植,是比较符合养殖需要的。由于伊乐藻在1～6月份生长较快,种植时尽量适度稀种,保持株距和行距3～4m,种三行后,隔8～10m再种三行。如果发现伊乐藻生长过快、密度较大时,开始割头修整。

3.水花生的选择

水花生一般选择在前期伊乐藻还没有开始或中后期,伊乐藻生长不好,水里没有足够水草以供小龙虾进行生长、摄食、躲避等活动时。水花生在池塘是浮于水面,嫩根须小龙虾喜食,也便于小龙虾在蜕壳时躲避敌害。水花生在种苗放养前后移植，用竹桩、木桩或三脚架固定，分片种植，不能任其漂流和生长。

五、科学肥水

稻田养殖小龙虾，肥水培藻是非常关键的。由于稻秆的存在，虽然通过2～3次的进排水，水质发红发黑不是很厉害，毒素也已经被排掉大部分，但是不可能完全处理干净，进水后水质还是会发红发黑。因此，从进水开始，就应快速肥水培藻。藻类培养起来后，水色开始发绿，红黑水的现象就会得到解决。因为小龙虾塘的进水和种草有一定要求，所以肥水培藻也应该按照科学的程序进行。

1.11月份，开始向池塘环沟内进水，外源水要经过检测，不含有毒有害物质，并且含有少量的硅藻、绿藻的水是理想的养殖用水。首先向环沟内进30～40cm的新鲜含藻水。

2.水进好后，放置1～2d，然后使用水体解毒剂，降解未知的各种毒害物质，如稻梗中的药物残留、重金属等，并且可以疏通活化底泥，消除养殖隐患。

3.定点堆肥：在进水前，可在稻田四周或角落里、虾沟的缓坡上，定点堆积一些发酵有机肥，如发酵鸡粪、菜籽饼等。进水后浸泡堆肥，有机发酵的堆肥会源源不断地释放营养物质，有助于稳定水体营养的均衡和水质的稳定。

4.施足基肥：环沟进水，种植完伊乐藻后，就要使用基肥快速肥水。基肥的使用原则是一次性施足，提供足够的水体营养，快速培育藻类。因为这个时期气温和水温较低，藻类的繁殖和生长会很慢，为了能够培育出藻类，调节出水色，降低透明度，防止青苔滋生，基肥一般选择氨基酸类肥料，同时配合使用一些芽孢菌、EM菌之类的有益微生物制剂，甚至可以配合一些尿素、磷肥之类的无机肥一起使用。

5.基肥培育出藻类后，随着水草生长，水位的不断加高，少量多次的追肥，保持水体内藻类的稳定，并能够在12月至来年1月份培育出轮虫、枝角类等浮游动物，并维持浮游动物的生物量稳定，为培育小龙虾幼体提供充足的天然饵料。

6.在使用基肥和追肥的过程中，搭配使用芽孢菌、EM菌等有益微生物。有益微生物能够分解水体内的氨基酸肥料和多种有机物质，使其转化为藻类能够利用小分子营养物质；或者有益微生物可附着在颗粒有机物质上，形成生物菌团，能够成为浮游动物的优质饵料。因此，在肥水过程中，或者在日常管理过程中，应勤使用有益菌，优化养殖环境。

六、日常投喂管理

（一）养殖前期（10月份至第二年2、3月份）

1.选择优质种虾，投放到整理好的稻田内。稻田内水位进入8月份后要逐渐降低，种虾投放到稻田的虾沟内，逐渐适应环境后，开始繁殖、打洞。这一时期，小龙虾需要能量进行繁殖和打洞，饵料以精饲料和动物性饵料为主，搭配南瓜、玉米等粗饲料投喂。

2.10月份左右，水位降低到最低，小龙虾在洞内生活，此时，一般不需要投喂，如果环沟内还有少量水，可每隔几日在环沟内投喂切块的南瓜，以备气温适宜时小龙虾晚间出洞吃食。要定期检查沟内的南瓜是否被吃完，没有被吃完的及时捞出扔掉，以防霉变。这样可降低种虾繁殖后的死亡率，可在第二年春季捕捞上市，这时期市场上商品虾较少，价格较高，种虾的上市也会有一定的效益。

3.从10月底到第二年2月份，随着进水和种伊乐藻种植的开展，水位会逐渐漫过龙虾洞，这时期也是小龙虾种苗的培育期。首先，注意在加水和种伊乐藻的过程中，施足基肥，少量多次补肥，多用氨基酸肥料和有益微生物制剂。在调整水色的同时，培育浮游动物作为优质的龙虾苗种适口的天然饵料。天然饵料的多少和优劣，能够决定龙虾种苗的多少和质量。其次，在发现有种虾和虾苗出洞时，开始投喂优质精饲料和动物性饵料，少量搭配粗饲料，且种植的伊乐藻也成为龙虾的优质饵料。经过这一时期的投喂，可在第二年春季培育出大量的优质小龙虾苗。

（二）养殖中后期（2、3月份至5月份）

1.头年投放种虾的，春季培育大量龙虾苗，龙虾苗长到100～200只/斤时，开始捕捞虾苗上市。利用地笼网捕捞虾苗，尽量多捕虾苗上市，既可以创造效益，也可以降低池塘小龙虾苗种密度，存塘种虾会继续排卵孵化，因此，不用担心卖苗会影响池塘的苗种密度。如果头年没有投放种虾，应该在2、3月份采购优质虾苗投放，每亩投放20～30kg。

2.3、4月份，虾苗的投喂主要以精饲料为主，粗饲料为辅，水草作为"零食"，最好一天投喂两次，早晨一次投喂全天投喂量的30%，傍晚投喂全天投喂量的70%。

3.4、5月份，饲料调整为粗饲料和精饲料都要投喂。伊乐藻生长快速，也成为小龙虾的主要饲料来源之一，一天也是投喂两次。在小龙虾发病高峰期，尽量卖掉大虾，留下小虾，投喂适当比例组成的精、粗饲料，促进小虾快速生长，长到规格就卖掉。

4.从5月底开始，因为要在6月份开始种植水稻，小龙虾开始大量上市，市场价格一般会是一年中最低的。此时，无论价格怎样，都要卖掉大部分存塘虾，留下小部分作为种虾。因此，开始以粗饲料为主、精饲料为辅，以培育种虾为目的。

七、起捕上市

小龙虾稻田养殖的精髓是"捕大留小，轮捕轮放"，捕捞季节主要在1～3月份的虾苗捕捞上市和4～6月份的成虾捕捞上市。

1.春季2、3月份，越冬小龙虾从这一时期开始起捕虾苗，苗种过多时，不论大小都要快速起捕上市，以防密度过大，影响规格和生长速度，加大养殖难度，增加养殖风险。而且，虾苗密度降低后，种虾会再产出虾苗，补充养殖密度，因此，应该充分利用时间和池塘空间提供单位产量。

2.尽早放苗，投喂优质饵料，促进小龙虾快速生长。小龙虾一般经过30d左右的投喂，就可以长到商品规格。到达商品规格的龙虾，就开始用地笼网捕捞上市。因此，在3～4月份，龙虾价格较好的时候开始捕捞上市。

3.发病高峰期的4、5月份，捕大留小，把养到商品规格的龙虾起捕上市，降低养殖密度和养殖风险。根据捕捞后的苗种多少选择是否补苗。

4.发病高峰期过后，进入高温期，经过投喂精饲料，小龙虾可快速达到商品规格，此时期，可每日或隔日捕捞商品规格的龙虾上市，既可以最大限度地提高养殖效益，又可以降低养殖风险，同时随着养殖密度的逐渐降低，大规格、高品质的龙虾会越来越多，养殖效益大大提高。

第三节 小龙虾藕田养殖技术

一、整塘、清塘

藕田养殖小龙虾的池塘，在藕田之中需要开挖虾沟。虾沟分为环沟和田间沟，主要是在藕田的四周挖沟，如果藕田面积比较大，也可在田间挖"田"字沟或"井"字沟。虾沟开挖面积占稻田的10%～20%，一般够宽3～8m，根据稻田养殖面积决定。沟深1～1.5m，中间留10～20cm高的田埂，以便蓄水。

10月份放养种虾前10～15d，藕田每亩用生石灰100～150kg化水全田泼洒，或每亩施茶籽饼4～6kg对藕田进行彻底消毒。

二、水位调节

藕田水位调控要"前浅、中深、后浅"。藕种植后，可缓慢加水，至萌芽生长期，要保持浅水，水位不超过10cm，以利田块晒暖增温，促使发芽。清明前后，应逐渐加深到20～30cm。幼虾放养时水位达到40cm。夏季水位达到最高，保持70～80cm，最高不超过1m。到坐藕时，一般在采收前1个月放浅水位，促进结藕。遇大雨或洪涝灾害时要及时排水。

三、莲藕栽植

莲藕宜选用高产、优质的晚熟品种，一般为大紫红和美人红，能在10月份上市。种藕一般于临栽前挖起，挑选有该品种形态特征的较大子藕，重量达250g以上，并具有完整的两节。这样的种藕贮藏有较充足的养分，将来出苗生长健壮。栽植时间一般在3月下旬至4月上旬（谷雨前后），不宜太迟。栽植密度为行距2～3m、株距0.5～1m，每穴排2棵。一般每亩需种藕200～300kg。栽植时根据藕鞭走向，先将藕排好，然后将藕头埋入泥中10～12cm深，再把节梢翘在水面上，以利用阳光提高土温，促进萌芽。周边行的藕头一律向田内，以免莲藕伸出埂外。

四、小龙虾放养

放养模式有两种：一种是春季放养虾苗，另一种是秋季放入亲虾让其自行繁殖。

1.春季放养虾苗。春季每亩放规格3～5cm的虾苗20kg左右。放养时间一般选择在4月下旬至5月上旬，不宜太早。4月下旬，藕长出2～3片立叶、植株变硬，幼虾不会对茎、叶造成伤害。4月至6月中旬，藕田中藕叶较小，遮光有限，阳光照射水面，有利于提升水温，同时，藕池施肥量大，水质较肥，有利于浮游生物生长。此时，藕田中水常呈浓绿色，幼虾喜食的天然饵料，如轮虫、枝角类、桡足类等浮游生物非常丰富。6～9月是小龙虾的生长旺季，摄食量大。6月中旬后，荷叶长满、水面"封行"，藕池中的水生维管束植物、底栖动物都较多，特别是摇蚊幼虫及螺蛳，为小龙虾提供了丰富的天然动物性饵料。

2.秋季投放种虾。秋季每亩放亲虾10～20kg，雌雄比例为2～3：1，具体时间一般在9～10月，选择的亲虾应体表光滑无附着物，体重在25g以上。亲虾附肢齐全、无损伤、无病害、体质健壮、活动能力强。秋季投放种虾，可在第二年春季长出大量虾苗，捕捞上市。

五、藕田管理

1.藕田施肥

养殖小龙虾的藕田，以基肥为主，以有机肥为好。有机肥作基肥，更有利于小龙虾天然饵料的繁衍，既降低了肥料成本，又可降低饵料成本。在种植子藕前半个月，施用发酵好的的有机肥。施后深耕20～30cm，耕细耙平，进水5～10cm。基肥要一次施足，减少日后施追肥的数量和次数。连作藕田要先清除老藕田内的花梗、花茎、莲鞭等残存物，再施入基肥。

2.追肥

莲藕喜肥，肥料以基肥为主，追肥只占全生育期的30%。养殖小龙虾的藕田追肥以化肥为主。藕种植后分两次追肥，第一次在栽植后20～25d、生出1～2片立叶时，进行施提苗肥；第二次在封行前、立叶长出4～5片时施催藕肥，每亩施尿素30～50kg。如生长仍不旺盛，半月"后栋叶"出现时再追施一次，每亩施尿素10～15kg。夏至后，不再施追肥。追肥时注意氮、磷、钾配合使用，以利于抗病、增产、提高品质。最后一次追肥，因叶片和地下藕鞭已在田中纵横交错，操作务必小心，以免踏伤或碰断。每次追肥前，适当将田水放浅。为防止施肥对龙虾的生长造成影响，可采取半边先施、半边后施的方法交替进行。施肥后要用清水将荷叶冲洗干净，以防灼伤荷叶。莲藕施肥可结合中耕除草，一般在中耕前追肥，追肥后通过中耕，使肥土充分均匀混合，以利根系的吸收。

3.植株调整

植株调整包括摘老叶、折花梗、除老藕、转藕头等。每天在藕田四周检查，发现有嫩叶长在田边，表示藕头已到田边，应伸手入泥将幼嫩的藕鞭转向田内，用泥压好。在生长初期，如发现田内植株稀密不均，宜将密处的藕头拨向稀处。

4.病虫害防治

套养小龙虾的藕田，莲藕一般病虫害不严重。有条件的最好安装频振式杀虫灯，不仅可以杀死害虫，减少农药用量，杀死的虫子还可以供小龙虾食用。需要使用农药时，应选择对小龙虾毒性较小的高效、低毒、低残留农药，施药时加深田间的水位，同时每次只喷洒一半藕田，留下的一半2～3d后再喷，使龙虾能够轮换躲藏，以确保安全。

六、小龙虾饲养管理

1.饲料投喂

小龙虾为杂食性偏动物食性，除利用藕田中的鲜嫩水草、底栖动物等天然饵料外，套养小龙虾还需人工投饵。成虾养殖可直接投喂绞碎的米糠、豆饼、麸皮、杂鱼、螺蚌肉、蚕蛹、蚯蚓、动物下脚料或配合饲料等。投饵量以藕田中天然饵料的多少与小龙虾的放养密度而定，投喂饲料遵循"开头少、中间多、后期少"的原则。6～9月是小龙虾生长旺季，每天投喂2次，早晚各一次，日投饵量为在田虾体重的5%～8%；其余季节每天投喂1次，于日落前后投喂，日投饵量为虾体重的1%～3%。也可根据虾摄食情况于次日上午补喂一次。饲料应投在四周浅水处，小龙虾集中的地方可适当多投，以利其摄食和饲养者检查吃食情况。饲料投喂需注意天气晴好时多投，高温闷热、连续阴雨天或水质过浓时少投；大批虾蜕壳时少投，蜕壳后多投。

2.水质管理

小龙虾喜肥水、耐低氧。试验过程中，因藕田的自净能力较强，一般夏至、小暑之前只要控制水位在适宜的范围内,不需换水。6月后,立叶满田、藕叶覆盖水面,水体光照不足,水质变差,水体易缺氧,在后半夜尤为严重,此时,要加强水质管理,定期排出部分老水、加注新水。每15～20d换水1次,每次换水量为藕田原水量的1/3左右,确保藕田水溶氧量在4mg/L以上,pH 7～8.5。同时,每20d泼洒一次生石灰水,每次每亩用生石灰10～15kg。一方面进行水体消毒,改善藕田水质,降低病害的发生;另一方面增加水体中钙含量,促进小龙虾蜕壳生长。

七、收　　获

小龙虾藕田捕捞主要是春季卖苗和夏秋季节卖商品虾。

1.春季2、3月份,越冬小龙虾从这一时期开始起捕虾苗,苗种过多时,不论大小都要快速起捕上市,以防密度过大,影响规格和生长速度。虾苗密度降低后,种虾会再产出虾苗,补充养殖密度,因此,应该充分利用时间和池塘空间提供单位产量。藕田的虾苗上市是重要的经济来源之一。

2.投喂优质饵料,促进龙虾快速生长,到达商品规格的龙虾,就开始用地笼网捕捞上市。因此,从5～6月份开始,每天或隔天用地笼网捕捞商品虾上市。

第四章　小龙虾日常管理技术要点

第一节　生态清塘

清塘的目的是为了消除养殖隐患，是健康养殖的基础工作，对小龙虾的成活和健康生长起着关键性的作用。

清塘必须把好三关：灭菌除杂、解毒、生物净化。

1. 灭菌除杂（杀死病原菌、野杂鱼等）

进水充满池底后，选用漂白粉、生石灰、茶籽饼等其中一种进行消毒（如pH高，可用漂白粉消毒；pH偏低，则用生石灰消毒），如果野杂鱼较多，可用茶籽饼等清除。

2. 降解毒素

降解清塘、消毒药品的残毒，以及水体内的重金属及其他各种未知毒素，消除养殖隐患，有利于之后的小龙虾养殖水质的处理和小龙虾的生长。

3. 生物净化

一般在解毒后、肥水之前，或者和肥水一起，要使用一次有益微生物制剂，主要用于分解水体内的生物尸体或其他有机污染物，转化为水体营养，并在池塘内建立有益菌群为主的微生物环境，竞争性抑制致病菌滋生，消除病原隐患。

第二节　科学肥水

小龙虾养殖塘的虾沟内进水后，在种草的同时，要快速肥水培藻。培养出大量的浮游动物，不仅能够保持良好的养殖环境，还能够提供优质的天然饵料，特别是虾苗培育阶段尤其重要。同时，藻类培育有助于水色的调控，可有效抑制青苔的滋生。

肥水就是为了培育良好的藻相。良好的藻相既能净水（吸收水体环境中的有害物质、净化水体），又能产氧（藻类光合作用产生的氧气占水体溶解氧的70%），还是小龙虾苗喜食的天然优质饵料（无论是藻本身还是食藻的浮游动物，对苗期的营养保健作用是其他任何人工饵料不可比拟的）。

水质和藻相的好与坏，对小龙虾有着重大的影响。如果水质爽活、藻相稳定，溶氧和pH通常都是正常稳定的，氨氮、硫化氢、亚硝酸盐、甲烷、重金属一般都不会超标，小龙虾在这种环境下才能健康生长。反之，水质条件差，藻相不稳定，则水体中有毒有害物质就会增加，溶氧偏低，pH不稳定，导致小龙虾应激反应，体质变差，脱壳不畅，病毒细菌滋生等，严重时可导致小龙虾大批量死亡。

科学的肥水方法，就是按照以下原则进行：前期施足基肥，少量多次的定期追肥；施肥时，把肥料和有益微生物共同使用，相互促进；肥水前，解毒一次，解除池塘中蓄积的各种毒素。

在肥水培藻的过程中，经常会遇到肥水困难的情况。造成肥水困难的原因较多，现介绍主要的几个原因和解决方法。

（1）水温低，光照弱，肥水困难　低温季节肥水，藻类生长缓慢，此时，为了能够促进藻类生长繁殖速度加快，主要措施是加快营养物质转化，如配合微生物制剂共同使用，添加少量氨基酸肥和微量元素等，可有效提高肥水效率，达到理想的肥水效果。

（2）阴雨天培藻，藻类生物光合作用弱，难以肥水　在大雨过程中，先不要施肥，待天气稍微好转之后，再快速肥水。

（3）重金属含量超标，或水体呈现铁锈色，影响藻类对肥料营养的吸收　先用EDTA或其他解毒剂，解除水体内重金属毒素，然后快速肥水。

（4）池底泛酸、红树林地区　清塘时酌情加量使用生石灰，用量

60～70kg/亩，加水溶化成石灰浆，全池泼洒并翻耕塘底，之后解毒，再肥水。

(5) 亚硝酸盐偏高　水体内的亚硝酸盐偏高，表明池水内含有较多的氮肥，也就是指水体内基肥比较充足，水没有肥起来，主要包括亚硝酸盐毒性和水体内营养不全面两方面。一般采用先解毒再补充微量元素的方法，补充微量元素，达到既降低亚硝酸盐又肥水的目的，同时，改善池底环境，减少亚硝酸盐的排放。

(6) pH偏高（9.2以上）　通过换水或使用有机酸等方法，降低pH到正常范围内再肥水。

(7) 养殖用水硬度严重偏低　水体硬度低，表明水体内缺乏钙、镁等离子，全池泼洒生石灰，增加水体硬度，并在施肥过程中，配合补充微量元素一起肥水。

(8) 消毒药残留过大，严重杀伤有益藻类和微生物，影响肥水效果　消毒清塘后，适当延长空塘暴晒时间，用解毒剂解毒之后再肥水。

(9) 有青苔、泥皮、丝状藻，掠夺了藻类生长所需的营养　先除青苔、泥皮、丝状藻，如塘底的青苔和丝状藻太多，先清除青苔，待青苔发黄死亡后，然后快速肥水，待水色培育起来后适当追肥，施肥后适当加深水位（1.2m左右）。

(10) 长期使用化肥，底质老化，水体氮、磷、钾严重失调，矿物质和微量元素缺乏，土壤板结，底质恶化　使用发酵有机肥和氨基酸肥作为基肥，之后追肥补充以氨基酸肥和微量元素为主，补充水体内的营养物质缺乏，缓解底质老化、板结，并通过使用有益微生物制剂，稳定水体内的菌相，可达到良好的肥水效果。

(11) 引用受过污染的水源　先解除水体内毒素，之后使用微生物制剂，分解吸收水体内的有机污染物，并活化和稳定水体菌相，为肥水提供良好的生态环境条件，一天后，开始肥水。

(12) 地下水或井水做水源　由于地下水或井水往往重金属含量偏高，藻种与氮、磷、碳、氧等营养元素缺乏，因此使用前应先解毒、曝气。进水时呈抛物线入塘，前期加水不要太深，使太阳能充分照射池水，池水暴晒后再肥水。

（13）泥浊水，藻种缺乏　先使用净水剂净水，之后从外源水中补充有益藻种，再肥水。

（14）水体内浮游动物较多　浮游动物以藻类和有机碎屑为主要食物。如果浮游动物较多，藻类无法繁殖起来，因此，可在池塘四周使用安全的杀虫药物，控制一下浮游动物的数量，再肥水。

"倒藻"的原因、危害及处理措施

（1）"倒藻"的原因　由于天气突变、生物失衡或是管理不当（包括施肥补肥的时机把握不好；换水添水的时间、数量不对；换水添水之后没有及时补肥；消毒的用量和时间不妥等）引起的。

（2）"倒藻"的危害　藻类大量死亡，藻毒素突然增加，会导致小龙虾中毒；水体急剧缺氧，氨氮、亚硝酸盐、硫化氢、甲烷等有毒有害物质急剧升高。

（3）"倒藻"的处理措施　全池解毒、增氧，防止"倒藻"对小龙虾产生不利影响；快速肥水，重新培养藻类，并吸收降低氨氮、亚硝酸盐等有毒有害物质；水体培育起来后，氧化、分解底部死藻和杂质，改良底质。

第三节　养护水草

一、水草养护措施

小龙虾养殖阶段，水草的种植、修整、养护工作是主要工作之一。根据小龙虾的不同养殖阶段，水草的养护也分为前期、中期和后期工作。

（1）前期　按养殖塘口比例种足草。

（2）中期　养护草。水色过浓影响水草光合作用，应及时调水或降低水位，增强光合作用；水质浑浊、水草上附着污物，应及时净化水质，清洁水草上的污物，增加水体透明度，促进水草吸收阳光，快速生长；水草枯萎、缺少活力的，积极调查原因，采取使用根肥和叶面肥的方式，追肥健草。

（3）**后期**　控好草。水草覆盖率应控制在50%左右，发现水草过密，及时稀化，否则易导致水草底部腐烂，破坏底质环境；水草超出水面的，应及时割除老草头，不能让水草漂浮在水面上，否则，草根很容易被拔出；及时捞取漂浮的水草，防止腐烂，坏水。

图4-1　水草过密

图4-2　水草整理

二、水草管理问题

（1）**水草老化**　对老化的水草进行打头或者割头处理，之后施用水草专用肥，促进水草重新生根、促长。

（2）**水草过密**　过于茂盛的水草要分块、打路处理。一般每隔3～4m打一宽3～4m的通道以加强水体间上、下水层的对流及增加阳光的照射，利于水中有益藻类及微生物的生长，利于小龙虾的行动、觅食，增加活动空间。

（3）**水草过稀**　如果发现的早，尽快补种水草，并调节水质，施用水草专用肥，促进水草生长。同时，饲料投喂充足，提供充足饲料，减少小龙虾摄食水草，待水草生长起来后，再控制饲料。如果来不及，可投放一些水花生代替。

（4）**水草病虫害** 特别是梅雨季节，是各种病虫繁殖的旺盛期。病虫将卵产在水中，这些孵化出来的幼虫通过噬食水草来获得营养。对于水草病虫害较严重的池塘，使用专用杀草虫产品，消灭草虫，同时施用水草专用肥，促进水草快速复苏。

（5）**药物残留影响水草生长** 大量的硫酸铜和农药除草剂残留，抑制水草生长，致其死亡。使用针对性的水体解毒剂，解除各种毒素后，施用水草专用肥。

（6）**水草疯长**

人工清除：随时将漂浮和腐烂的水草捞出。池中生长过多的水草可用锯条或割草船割除捞出，割除量控制在水草总量的1/3以下。也可在池塘中间割出一些草路，让小龙虾有自由活动的通道。

缓慢加深池水：发现水草生长过快，应加深池水让草头没入水面10～20cm以下。加水时，应缓慢加入，不能一次加过多，让水草有个适应过程，否则会发生死草或产生应激，适得其反。

调节水质：水草疯长的池塘，烂草及污物一般较多。若在大雨后及人工割除的情况下，短期内水质都会不好，水质和底质必须尽快调控。

第四节　池底的养护

一、池塘底质的影响

小龙虾是底栖动物，塘底环境是小龙虾生长环境的基础，塘底的好坏对水质和小龙虾构成直接的影响。

（1）如果小龙虾长期在池底污染严重的环境下生活会影响其体色及肉质。

（2）底质污染严重会产生大量有害物质，不利于小龙虾的生长。

（3）池底污染严重易滋生有害细菌和寄生虫，如纤毛虫等，大量繁殖则极易引起小龙虾疾病的发生。

（4）底泥中的有机质耗费掉水体内大部分的溶氧。据报道，水体内溶氧量有54%以上是被底部有机物消耗掉，所以及时分解底质有机物才能减少池底耗氧量。底部缺氧，会造成小龙虾节食，上岸或上草呼吸，缺氧时间长，会造成小龙虾大批量死亡。

（5）底质缺氧，会使底质产生"聚毒层"。大量的有毒有害物质会在这里产生，积累和释放到水体内，严重影响小龙虾养殖的成功率。

二、不良底质的判断方法

（1）池边的角落有大量的黄褐色泡沫，有异味。

（2）料台脏，底部附着胶质物或黑泥。

（3）池底在光照强时升起大量的气泡或气雾。

（4）池底出现花白斑块。

（5）水质变得浓稠，风吹过水面出现细密的水纹。

（6）氨氮、亚硝酸盐、硫化氢等含量增高。

（7）pH在早晨和下午检测时没有变化。

三、造成底质变坏的主要原因

（1）大量的残饵、排泄物、动植物尸体中残余的蛋白质、脂肪、淀粉等为病原微生物的生长繁殖提供营养条件，造成病原微生物的大量繁殖。

（2）小龙虾池塘内藻类和水草没有培育好，或者期间没有很好地养护，导致死藻、死草等现象严重，破坏水质和底质。

（3）大量而频繁地排换水使池塘泥土中的矿物质和微量元素流失，

造成塘底"沙漠化",塘底渗漏,保水、保肥的功能减退。

(4)小龙虾养殖密度较大,超过池塘养殖负荷,池底环境恶化。

(5)养殖水深与水体增氧能力脱节,造成底层溶氧不足,底泥发臭。

(6)频繁使用化学药物消毒对有益微生物构成极大的危害,使病原微生物产生抗性,致使小龙虾池塘逐步失去生态平衡,塘底自净功能丧失殆尽,底质日益恶化。

四、改良底质的措施

(1)根据小龙虾养殖密度,天气、水质状况进行合理投料,并设立料台,检查吃料情况。

(2)前期每15d,后期每10d施用一次底质改良剂,减少有害物质在底部聚积。

(3)在饲料中定期添加微生态制剂,利用益生菌代谢的生物酶补充小龙虾体内的内源酶不足,促进饲料营养的吸收转化,降低粪便中的有害物质含量,不仅能降低饵料系数,还能从源头上解决小龙虾排泄物对底质和水质的污染。

(4)日常注意对水质和水草进行养护,保持水质清爽,水草嫩绿。

(5)养殖中适当刮动底泥,促进泥水的物质交换,提高底质的氧化还原电位,消除毒性物质,避免底质长期处于老化状态。

五、严防"聚毒层"

"聚毒层"是指在池塘底部及与离底部之间30~60cm的水体,处于塘底有毒有害物质向上浮、水体中有毒有害物质向下沉积,从而在水底的交汇处形成的一个特殊层面。由于当前很多养殖区域采取的是高密度的养殖模式,投饵多、排泄量大、藻类死亡、滥用絮凝性底改等原因,导致该特殊层面发热、发臭、泛酸,腐败菌(尤其是弧菌)大量繁殖,生物、化学、物理耗氧特别严重，亚硝酸盐、氨氮、硫化氢、甲烷、重金属等有毒有害物质的严重超标，成为寄生虫、病菌、病毒的滋生地，该层面就成为"聚毒层"。

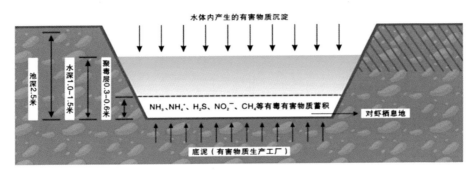

图4-3　聚毒层示意图

（一）"聚毒层"的危害

小龙虾是底栖类动物。塘底环境是小龙虾整个生长环境的基础，塘底的好坏对水质构成直接的影响。塘底的生态环境恶化会造成整个养殖水体的生态环境恶化，将会造成"聚毒层"的产生。而"聚毒层"是小龙虾的核心生活区，如果小龙虾长期生活在池底污染严重的环境下，会影响其体色及肉质，使体色不鲜艳，口味差；而且，"聚毒层"的存在为细菌、病毒、寄生虫等的滋生提供了优良的生存环境，极易诱发多种疾病。

（二）"聚毒层"产生的原因

（1）底质变坏　大量的残饵、排泄物、动植物尸体中残余的蛋白质、脂肪、淀粉等在池底大量的淤积，并在微生物的作用下慢慢分解。当池底有足够的溶氧时，底泥中的微生物以有益菌占优势，可把各种有机质分解为小分子的营养物质，这一过程将消耗大量的溶氧消耗。而在养殖的高温季节，小龙虾池底往往是缺氧的。在缺氧的环境条件下，一般是以有害菌占优势，分解产物就会产生亚硝酸盐、硫化氢、甲烷等各种有毒有害物质，产生的有毒、有害物质就会在"聚毒层"内蓄积。

（2）水质变坏　在养殖高温季节，水体极易产生老化、浑浊、转水等情况。水质的变坏，也会产生大量的有机悬浮物质。在水体环境缺氧时，就会产生大量的无氧分解中间产物，这些产物一般都是有毒、有害的。随着有机杂质的慢慢沉积，产生的有毒、有害物质会蓄积在"聚毒层"内，进一步恶化底栖水产动物的生存环境。

（3）水草死亡　水草疯长、水草死亡等都会导致大量的底部水草腐烂。腐烂的水草大量沉积底部，导致底质快速恶化，"聚毒层"快速产生。

（4）养殖高温季节，养殖水体的通透性降低，水体表面张力增加，水体的黏度增加，使得水体产生分层，水体的分层使得"聚毒层"产生。

（三）"聚毒层"的防控措施

（1）定期养护水质和池底。

（2）养护好水草，防止水草大量死亡、腐烂。

（3）快速解决水体分层现象，不为"聚毒层"的产生提供条件。

（4）"聚毒层"产生后，小龙虾开始上岸、上草，水体缺氧，需要快速换水，改良底质环境。

第五节　水质的养护

俗话说，调好一塘水，养好一池虾。水好虾好，水坏虾坏。水质的好坏，受水源、气候、水中生物、残饵及生物排泄物等影响。水色及透明度的调节在水质管理中极为重要。通常水色保持茶褐色、黄绿色为佳，透明度在养殖前期为30～40cm，中后期为30～50cm为佳。

一、水色管理

水质的好坏直接关系到小龙虾能否健康生长，甚至养殖成败。因此，观察养殖水体，明辨优劣水色，对水质的管理在养殖生产中显得尤为重要。为了方便广大养殖户明辨优劣水色，特列举一些常见的优良水色和有害水色，供大家学习和参考。

1. 衡量水色的标准

优良的养殖水质要求"肥、活、嫩、爽"。肥：浮游生物多且可供鱼虾消化的种类数量多，有一定的透明度（25～40cm）。活：水色和透明度随光照和时间不同而有变化（早上清淡一些，下午较浓一些），藻类种群处于不断被利用和不断增长中，池塘中物质循环处于良好状态，浮游动植物平衡。嫩：藻类生长旺盛，水色鲜嫩呈现亮泽，不发暗。爽：水中悬浮物或溶解的有机物较少，水质清爽不发黏，水面无油膜，浑浊度小。

2. 优良水色的判断

优良水色表明水质优良，水体内有益藻类占优势，它具有以下优点：可增加水中溶氧，并稳定水体内的溶氧量；可稳定水质，降低水中有毒有害物质的含量；可提供优良的天然饵料；可提供适宜的水体透明度，即可抑制青苔、丝状藻的滋生，又利于小龙虾防御敌害，提供一个良好的生长环境；可调节稳定水温；可抑制有害菌的滋生。

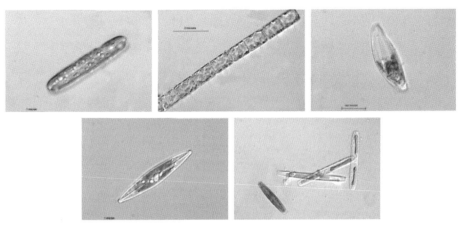

图4-4　硅　藻

良好的水色标志着藻相、菌相和浮游动物三者的动态平衡。有益藻类主要有硅藻、绿藻、隐藻等。

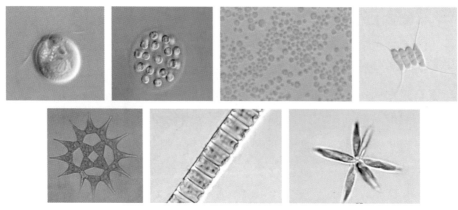

图4-5 绿 藻

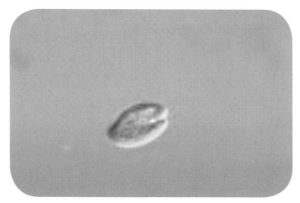

图4-6 隐 藻

优良水色主要有茶褐色水、淡绿色水、黄绿色水和浓绿色（浓而不浊）水。茶褐色水体，藻相以硅藻为主；淡绿色水体，藻相以绿藻为主；黄绿色水体以绿藻和硅藻共生为优势种群的水体；浓绿色或者说黑绿色水体，藻相一般以绿藻为主，有时也有隐藻为主，或者二者共生为优势种。以这几种藻为藻相优势种群的水体，是属于藻相优良的水体。

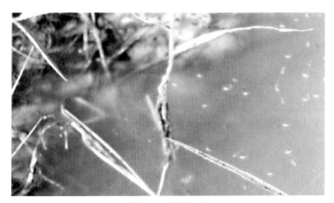

图4-7　茶褐色水

图4-8　淡绿色水

图4-9　浓绿色水

3.优良水色的培养方法

施足基肥，正确追肥，正确使用微生物制剂，稳定藻相，持久稳定水色。定期追肥和使用微生物制剂，调节水质，保证藻相优良，并稳定藻相、菌相和浮游动物平衡。注意底质的定期养护，为优良水色的稳定打好基础。

4. 有害水色的判断

有害水色是指有害藻类占优势的水，有害藻类主要有蓝藻、裸藻、甲藻等。

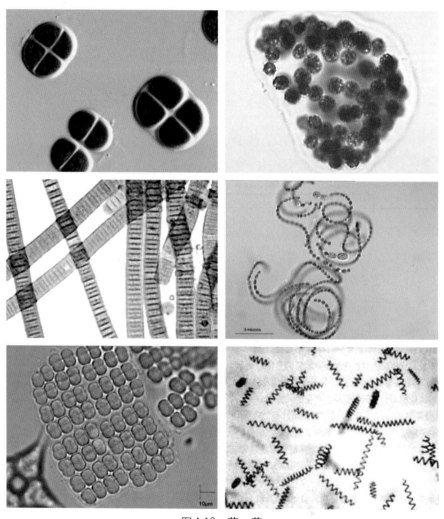

图4-10　蓝　藻

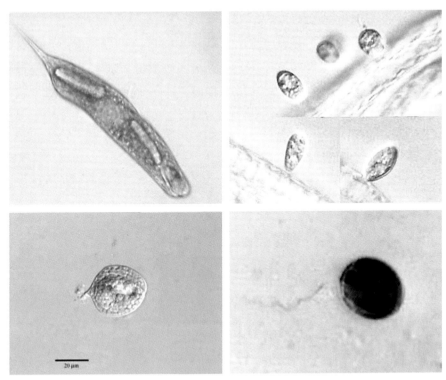

图4-11 裸 藻

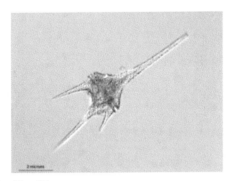

图4-12 甲 藻

5.有害水色的调控

（1）红色、黑褐色水 这种水色一般是由于水稻收割后，稻秸秆存留在稻田内，或者池内生长了大量的旱生植物，进水浸泡后，随着秸秆

57

或旱生植物大量腐烂，导致水体发红发黑。

解决方法：进水浸泡后，排出发红发黑的水，再进水浸泡，水发红发黑后再排掉，如此进排水2～3次后，水体发红发黑较浅，再通过净水、解毒、快速肥水三步，水体培育期藻类，水色发绿后，红黑水就得到了解决。

图4-13　发红水色

（2）浓绿浑浊水（又称蓝绿或暗绿色水）　水中蓝绿藻或微囊藻大量繁殖，水质浓浊，透明度在20cm左右。这种水色的表面有时会产生一些漂浮物，水体中存在大量的悬浮颗粒，水面呈现油污状，水质浓浊、色死、黏滑、泡沫拖尾难消失，这说明藻类的浓度大并开始死

图4-14　浓绿浊水

亡，下风处泡沫堆积的表面有明显污物黏附，并伴有腥臭味。这种水质中的小龙虾减料明显，空肠空胃，活力衰弱，会导致小龙虾上岸、上草，甚至大批量死亡。

解决方法：适当换水，捕大留下，降低养殖密度，同时，全池改底、解毒，增氧，并使用微生物制剂调整水质。

（3）白浊水（又称乳白色水）　水中有害微生物和浮游动物如轮虫、桡足类、纤毛虫过剩繁殖，藻类被浮游动物吃掉，水草腐败死亡，水中的有机碎屑较多。

解决方法：浮游动物繁殖过多，可先停料2～3d，让小龙虾把水中的浮游动物尽量摄

图4-15　白浊水

食，之后进行培藻和养水；如果浮游动物太多，在四周使用安全的杀虫药物，控制一下浮游动物数量，再进行培藻肥水。

（4）泥皮水　随着气温的升高，小龙虾池塘下风处漂着厚厚的一层泥皮，上面有着大量的泡沫和有机物，水质清瘦。泥皮水一种是墨绿色泥皮，手感滑腻不易分散，有时一抓能提起一大把，用手捻磨会沾在手心呈油脂状，墨绿色或深绿色，仔细观察有丝状藻在其中。这种泥皮是一些大型浮游藻类或青苔部分死亡后漂在水上随风堆积在下风处，这种情况下水质清瘦，不易肥水，池水pH偏高，小龙虾生长不旺。另一种是黑色或深褐色泥皮，这种泥皮手感粗糙，一捻即碎，成块状或片状漂在水面上，泥皮上有大量泡沫，灰黑或深褐色，水质清瘦或浑浊，有风浪时下风口有大量泡沫产生，水中氨氮偏高。这种泥皮是由于大量藻类沉底后死亡或底栖藻类死亡，缺氧时形成大量甲烷气泡，随着气泡的增多，撕开了底栖藻类板块在水面上形成泥皮。

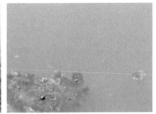

图4-16　泥皮水

解决方法：日常注意改底工作，如果已经出现泥皮，使用强氧化性底质改良剂快速改善底质，同时肥水培藻。

（5）青苔水　青苔在小龙虾养殖过程中，是一种常见的有害水质，主要发生在每年的2～5月份。青苔生长起来后，会大量吸收水体营养，并缠绕水草，导致水体营养失衡，藻类无法培育，水草腐败，逐渐萎缩、消亡。同时，会把小龙虾缠绕住，无法动弹，逐渐死亡。

解决方法：青苔的处理核心主要是遮光。通过遮光的方式使青苔自身逐渐消亡。使用青苔处理剂或遮光剂等，都可以有效处理青苔，但青苔处理后要快速肥水，利用藻类的营养竞争和遮光作用，才能够彻底解决青苔问题。

图4-17　青苔水

二、水质管理

1. 溶氧（DO）的管理

（1）溶解氧的概念　溶氧是小龙虾氧气需求的来源，保证溶氧充足是小龙虾养殖成败的最关键因素。溶氧可以氧化残留有机质和水体及塘底有害物质，溶解氧越高，有害物质浓度就越低；溶氧有利于促进养殖池内微生态正常循环从而活化水质；高溶氧能够提高小龙虾的抗病能力，使动物的免疫力较高，不易对外界环境产生应激。

（2）**溶氧的来源**　①光合作用：白天阳光充足时，水中浮游藻类及水草会利用太阳光进行光合作用产生氧气，绿色植物产生的氧气占溶氧的70%以上，由此可见培养良好的水色、稳定的藻相和养护好水草对溶氧的重要性。②人为增氧：加注溶氧高的新水、泼洒增氧剂等是溶氧的另一主要来源。③空气中氧气的溶解作用：养殖水体溶氧未饱和时，特别是在夜间和清晨表层水溶解氧含量较低时，空气中的氧气扩散溶于水，可增加表层水中的溶氧水平；当水质嫩爽时，水体对空气中氧气的溶解性好，当水质老化黏滑时，水的溶解透氧性就差。

（3）**造成水体中溶氧不足的因素**　①溶氧在一天的不同时间段含量不同。一般是白天多，夜间、黎明前少；晴天多，阴雨天少。②养殖密度过大时，生物的呼吸作用加大，生物耗氧量也增大，易造成水体溶氧不足。③藻相不稳定，缺少藻类的光合作用，产氧少；藻相老化或死藻，没有产氧能力或产氧能力低；养殖水体过肥，水中浮游藻类非常丰富，夜间呼吸作用也会增大，易导致溶氧的匮乏。④水草腐烂，有机质含量高，细菌活动就活跃。细菌对有机物的分解作用需要消耗大量氧气，从而引起缺氧。实践证明，池中溶氧54%被底部有机质消耗掉，因此要及时使用分解类底改及时除掉有机物。⑤溶氧随温度升高而降低，同时高温状态下的水产动物及其他生物的代谢水平也提高，耗氧量增高，也会造成水体溶氧不足。⑥水中的还原性物质如硫化氢、氨氮、亚硝酸盐等较多时，其氧化作用也会消耗大量氧气。⑦浮游动物的大量存在，会消耗水体内大量的溶氧。

（4）**溶氧不足的危害**　水体溶氧充足时，可抑制有毒物质的化学反应，降低有毒物质（如氨氮、亚硝酸盐和硫化氢等）的含量。在溶氧充足的条件下，水中有机物腐烂后产生的氨氮和硫化氢，经微生物好氧分解作用，氨会先转化为亚硝酸盐，再转化为硝酸盐，硫化氢则转化为硫酸盐。硝酸盐和硫酸盐对虾是无毒害的。相反，当水中溶氧不足时，氨和硫化氢难以分解转化，因此这些有毒物质极易积累达到危害小龙虾健康的程度。

(5) 养殖水体溶氧的管理　确定合理的放养密度，避免片面追求不合理的高密度。选择优质饲料，减少残饵量；不过量投饵，减少粪便排泄量，减少细菌生物的耗氧量。每年清塘时一定要增加生物清塘环节，在池塘消毒和毒性降解后，利用微生物制剂对动植物尸体进行彻底的分解并转化为藻类所需的营养盐，减少养殖隐患。定期改良底质环境，分解底质，减少底部的有机物耗氧，调养水色，确保藻相鲜活和新陈代谢的能力。由于养殖水体中70%的溶氧来自藻类光合作用，因此养殖过程中，应视当前的水质情况，认真追肥，并在晴天使用微生物制剂调水，保证水体内藻相优良，溶氧充足。经常抽排底层水，换新鲜水。每日巡塘观察水体内浮游动物的生物量大小，确保浮游动物的生物量不会导致水体缺氧。

2.pH管理

(1) pH概念及作用　pH（酸碱度）是水体酸性或碱性强弱的表示。pH=7是中性，低于7是酸性，越低酸性越强；高于7是碱性，越高碱性越强。

水体pH除对小龙虾有影响外，还会影响水体中物质的转化和藻类、水草和菌类的生存。一般来说小龙虾最适pH值在7.8～8.6。因此，调节pH值在最适的范围内是小龙虾获得稳定高产的必要条件之一。

(2) 导致pH值偏高的原因　在没有外来污水影响下，藻类和水草的光合作用和呼吸作用是导致养殖水体pH值变化的主要因素。在白天阳光充足的情况下，水中浮游植物和水草生长迅速，同时进行强烈的光合作用消耗水中游离二氧化碳，水中碳酸浓度低，使水体的pH值剧烈升高，呈碱性；而夜晚藻类和水草强烈的呼吸作用，小龙虾的生命活动都释放大量的二氧化碳，水中碳酸浓度高，使水的pH值剧烈降低，呈酸性。这种规律性的变化表现为虾池的最低pH值出现在早上日出之前，pH最高值出现在下午日落之前，白天pH值逐渐升高，晚上pH值逐渐降低。由于光合作用主要在中、上层水中进行，表层的pH要高于底层。

（3）导致pH值偏低的原因　①底质酸性物质含量过高，施用化肥过多，酸雨或池中雨水积累及有机物含量过高引起，pH下降又是水质变坏、溶解氧低的表现。②池塘底部沉淀的虾的粪便、饲料残饵和死亡的池塘生物，在细菌作用下发生厌氧分解，产生大量有机酸可使水体pH值降低。

（4）pH的管理　pH值偏酸（pH＜7.5）：应用生石灰处理，按8～10ppm（2.5～3.5kg/亩）用量使用，连用3d，切忌贪图省工一次用量过大，造成小龙虾应激反应，同时采用追肥方法，逐步提高并稳定pH值。pH值偏碱（pH＞9.0）：通过使用有机酸类产品和微生物制剂，培养浮游动物的生物量，逐渐降低和稳定pH值。

3.氨氮的管理

（1）养殖水体氨的来源　养殖虾的排泄物、残饵、浮游生物残骸等分解后产生的氮大部分以氨的形式存在；水体缺氧时，含氮有机物、硝酸盐、亚硝酸盐在厌氧菌的作用下，发生反硝化作用产生氨；虾的鳃和水体浮游生物在生活过程中存在旺盛的泌氨作用，是水中氨的又一来源。养殖密度加大，泌氨作用也大幅度提高。

（2）分子氨对小龙虾的毒性机理　分子氨对小龙虾是极毒的，其毒性产生的原因在于：池塘水体氨的浓度过高时，氨就可以通过体表渗透和吸收进入小龙虾的体内，使小龙虾的血氨浓度升高，产生毒血症。血氨升高时，大量氨分子弥散通过细胞膜进入组织细胞内，与二三羧酸循环的中间产物 α-酮戊二酸不断地被消耗，又不能及时的得到补充，使组织细胞的三羧酸循环受到抑制，高能磷酸键降低，有氧呼吸减弱，结果导致细胞活动障碍，继而产生一系列病理变化。

（3）小龙虾氨中毒症状　虾类氨中毒后的病变表现为肝、胰、胃等内脏受损，胃、肠道的黏膜肿胀、肠壁软而透明。黏膜受损后继发炎症感染，分泌大量黏液。鳃黏膜及其结构、功能受损，黏液增多、呼吸障碍。表现为鳃丝肿胀、脱落。轻者表现颤抖，重者痉挛、狂游不止。临床主要症状为虾躁动不安、上草、上岸。

池塘中水体氨的浓度长期过高，最大的危害是抑制小龙虾的生长、繁殖，严重中毒者甚至死亡。

（4）养殖水体pH值、温度等对分子氨浓度的影响　pH越小，水温越低，分子氨的比例越小，离子氨的比例越大，毒性越低。相反，pH越大，水温越高，离子氨的比例越小，分子氨的比例越大，毒性也越大。

（5）怎样防止养殖水体中氨浓度过高　养殖生产中要定期检查水体的氨氮指标，分子氨（NH_3）的含量一般应控制在0.02mg/L以下。具体措施有：每年清塘时清除含大量有机质的池塘淤泥；制定适宜的放养密度和合理的养殖模式，合理利用水体空间，捕大放小，轮捕轮放，避免养殖密度过大；养护好水质和水草，保持水质和水草嫩爽，保持充足溶氧；选择消化率高的优质饲料，饲料投喂应少量多餐，尽量减少残饵对水质的污染；水质老化，有机悬浮物、池底粪便、残饵多时，应及时排污；水体施用氮、磷、钾肥应根据水体肥度合理施肥，掌握"少施、勤施"的原则。

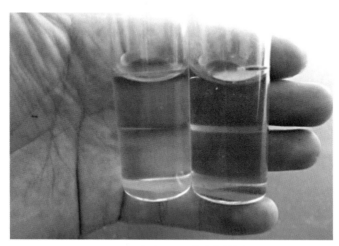

图4-18　氨氮、亚硝酸盐检测

4.亚硝酸盐的管理

（1）亚硝酸盐的来源　含氮有机物在水体中硝化细菌的作用下，逐步氧化经亚硝酸盐转化成硝酸盐，这一过程称为硝化作用。硝化作用一旦受阻，结果就会引起硝化的中间产物亚硝酸盐在水体内的累积。

（2）*亚硝酸盐的影响因素*　氨含量越高，溶氧水平越低，pH越低，水温越低，则亚硝酸盐的水平越高。

（3）*亚硝酸盐的毒性机理*　养殖水体亚硝酸盐浓度过高时，可通过虾体表的渗透与吸收作用进入血液，使血液中的血蓝蛋白不能与氧结合，从而使血液丧失载氧能力。

（4）*亚硝酸盐管理*　保持水质和水草嫩爽，提高水体的溶氧水平，使硝化作用完全彻底，减少中间产物亚硝酸盐形成的机会；制定合理的放养密度，轮捕轮放，捕大留下；合理投喂，减少排泄废物及食物残渣。本着少量多次的原则，合理施肥，减少氨的生成量；定期改善底质环境，保持底质良好，防止"聚毒层"产生。

5.硫化物的管理

（1）*养殖水体硫化物的来源*　养殖水体中的硫化物有两个主要来源：土壤岩层硫酸盐含量高、大量使用高硫燃煤地区的雨水及地下泉水中含有大量的硫酸盐。这些硫酸盐溶解进入水体后，在厌氧条件下，被存在于养殖池底的硫酸盐还原菌分解而形成硫化物。残饵和粪便中的有机物在厌氧菌的作用下分解产生硫化物。这两方面的综合因素使水体硫化物含量增加。可溶性硫化物与泥土中的金属盐结合形成金属硫化物，致使池底变黑，这是硫化物存在的重要标志。

（2）*硫化物的毒性机理*　硫化物的毒性主要是指硫化氢的毒性。硫化氢（H_2S）是一种带有臭鸡蛋气味的可溶性气体，是剧毒物质，对水产动物危害很大。当水体中 H_2S 浓度过高时，H_2S 可通过渗透与吸收作用进入虾的组织与血液，与血蓝素中的铁结合，破坏血蓝素的结构，使血蓝蛋白丧失结合氧分子的能力。同时硫化氢对虾的甲壳和鳃黏膜有很强的刺激和腐蚀作用，使组织产生凝血性坏死，导致虾呼吸困难，甚至死亡。

（3）*硫化氢中毒的表现*　小龙虾骚动不安，上岸、上草，水中溶氧特别是底层溶氧非常低；下风处可闻到臭鸡蛋味。

（4）硫化氢管理　每年清塘时清除含大量有机质的池塘淤泥。保持池塘高溶氧：水体高水平的溶解氧可氧化消耗 H_2S 为无毒物质硫酸盐，高溶氧可抑制硫酸盐还原菌的生长与繁衍，从而抑制 H_2S 的产生，因此应该保持良好的水质环境和水草条件。调节水体 pH 值：pH 越低，发生 H_2S 中毒的机会越大。一般控制水体 pH 值在 7.8 ～ 8.5。如过低，可施用生石灰提高 pH，少量多次，缓慢提高 pH 值。经常换水，降低池水中有机物的浓度，同时新水中的铁、锰等金属离子可沉淀水中的 H2S，养殖池收获后彻底清污，或将池底翻耕晾晒，以促使 H_2S 及其他硫化物氧化。保持地质环境优良。

6. 总碱度和总硬度的管理

养殖水体的总碱度是指水体中所有碱度的总和，包括 pH 碱度和碳酸盐碱度，其中以碳酸盐碱度为主。养殖水体总硬度是指水体中钙、镁离子总和，主要是钙硬度。

养殖水体总碱度和总硬度含量高，除了可以稳定水质和底质的 pH，增强水的缓冲能力外，还能在一定程度上降低重金属的毒性，并能促进有益微生物的生长繁殖，加快有机物的分解矿化，从而加速植物营养物质的循环再生。

目前绝大多数池塘的总碱度和总硬度达不到 50mg/L，特别是淡水池塘有的甚至达不到 30mg/L。当水中总碱度大于 120mg/L 时水体 pH 缓冲能力强，总碱度低于 50mg/L 时，水体不稳定，小龙虾生长缓慢。因此，为了保持水体稳定，pH 缓冲能力强，小龙虾生长速度快，水体中的总碱度和总硬度最好能保持在 120mg/L 以上。

第六节　补钙固壳

一、钙的作用

钙是植物细胞壁的重要组成部分，缺钙会限制藻类的繁殖。放苗前肥水，如水中缺钙，藻类会很难生长繁殖，导致肥水困难或池水容易落清，因此肥水前和肥水后都要对池水进行"补钙"。养殖生产用水要求有一定的总碱度和总硬度，因此水质和底质的养护需要补钙。

钙是动物骨骼、甲壳、鳞片的重要组成部分，对蛋白质的合成与代谢、碳水化合物的转化、细胞的通透性、染色体的结构与功能等均有重要影响。小龙虾的生长要通过不断地蜕壳和硬壳来完成，因此需要从水体和饲料中吸收大量的钙来满足生长需要。集约化的养殖方式常使水体中矿物质盐的含量严重不足，而钙、磷、镁等矿物质吸收不足又会导致虾的甲壳不能正常硬化，形成软壳病或者脱壳不遂，生长速度减慢，严重影响小龙虾虾的正常生长。

养殖高密度、水质高污染、钙元素匮乏，小龙虾蜕壳不遂、硬壳难的症状日益严重。而蜕壳不遂、硬壳慢的小龙虾虾极易感染病原菌，导致病害的发生。因此，补钙固壳可以增强小龙虾的抗病和抗应激能力。

小龙虾蜕壳需要消耗大量溶氧和体力，还大量需求高活性、易吸收的钙、镁、磷等促进硬壳，补充溶氧、钙、磷、能量非常必要。

在养殖过程中注意补钙、固壳，收获时小龙虾活力好、大小均匀、色泽光亮，可提高小龙虾的品质。

二、甲壳异常分析

水质恶化，表现在旧壳仅脱出一半或脱出旧壳后身体反而缩小。长期饵料不足，或者营养不全面，含钙低或原料质量低劣或变质等，导致小龙虾营养和能量都没有做好准备。放养密度过大，相互干扰会延长脱壳时间，出现脱壳不遂和脱壳后大量自相残杀。水温突变，低温阻碍脱壳，高温也会延迟脱壳。光照太强或水的透明度太大，水清到底，影响脱壳。池水pH高和有机质的含量下降，水中和饲料钙磷含量偏低，缺少钙源，甲壳钙化不足脱壳更难。纤毛虫等寄生虫寄生，导致小龙虾体质下降。

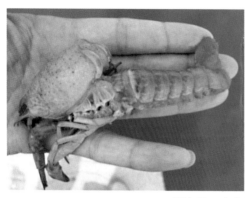

图4-19　小龙虾的蜕壳

第七节　防、抗应激

大多数小龙虾病害都是因为应激导致小龙虾活力减弱、病原体入侵体内而引发的，所以在预防应激和抗应激的养殖实践中，发现水质底质恶化、受惊吓、天气变化、气候异常、倒藻等是导致小龙虾产生应激的重要原因。

尤其需要警惕的是倒藻转水。藻类应激死亡、水环境发生变化，小龙虾马上产生应激，开始出现大量上岸、上草现象。藻相的应激反应主要是受气候、用药、环境变化（如温差、低气压、阴雨天、风向变化、泼洒刺激性较强的药物、水质恶化、底质腐败等因素）的影响而发生。

针对小龙虾应激方面的防控措施，应该从尽量减少应激因素和提高小龙虾的抗应激能力两方面入手：一是调整养殖池塘的水体和底质环境，保持水质和水草的肥、活、嫩、爽，尽量减少水体倒藻，或环境剧变引起的水体理化指标的剧烈变化，防止应激因素的产生。二是在日常养殖过程中，注意投喂优质饲料和多种饵料配合投喂，并定期预防消化系统疾病，调整小龙虾的功能器官功能，提高小龙虾的免疫力和自身体质，同时也就提高了小龙虾的抗应激能力。

第八节　体质养护

小龙虾养殖过程中，水质变化，底质变化，藻相和菌相的变化，水草异常生长，水体内理化指标的变化，饵料的投喂，药品的使用等因子，都在影响着小龙虾的生长，特别是对小龙虾的功能器官的影响。因此，在日常养殖工作中，注意对小龙虾的肠道、肝脏、鳃等组织器官进行养护，可显著提高小龙虾的免疫力，保证小龙虾的健康和生长。

小龙虾养殖过程中，肠炎是较常见的一种疾病，饲料霉变、肠道菌群失调等都会导致肠炎的发生。因此，定期对肠道和肠道菌群进行养护，防止肠道疾病的发生，可以保证小龙虾的摄食、消化和吸收，促进小龙虾的生长。

图4-20　小龙虾肝、肠、鳃解剖图

肝脏是小龙虾的重要解毒器官，大量的毒素会蓄积在肝脏内。小龙虾病害的发生，肝脏都会产生病变。因此，定期对肝脏进行养护，可显著提高小龙虾的抗病力和生长速度。

鳃是小龙虾的呼吸器官，直接与池水接触，最容易受到病菌和寄生虫的袭击，同时，水质的变化直接影响鳃丝的健康。因此，对小龙虾的鳃丝进行养护也非常重要。

对虾功能器官的养护，主要包括以下措施：养护好水质和底质，保证养殖环境的优良；保证充足的水体溶氧；水草的各时期养护和修整至关重要；注意定期解毒和补钙固壳；日常注意防、抗应激工作；投喂优质饲料，保证饲料不发生霉变等。

第五章 小龙虾常见养殖问题、解决方案及案例解析

一、细菌性败血症

该病害为小龙虾养殖主要养殖病害，在养殖4、5月份期间流行，会出现集中的死亡高峰期。该病发生时，死亡龙虾以达到商品规格的大龙虾为主，如果控制不好，大规格的小龙虾会死亡殆尽，之后会开始死亡小规格的龙虾。该病害已成为小龙虾养殖最主要的病害，分析原因可以归为环境、体质和致病菌三方面。

(1) **环境** 小龙虾喜欢生活在水质较清爽的池塘内。在野生条件下，小龙虾可在条件比较恶劣的水质环境下生长。但是，当小龙虾处于养殖环境下时，小龙虾的养殖密度就不是野生条件下生长可比的，因此，养殖环境应该注重调水、解毒、改底等各养殖措施，养护好小龙虾生长的环境条件。很多养殖户认为小龙虾可在环境条件差的环境下正常生长，因此忽略了小龙虾的环境养护，导致小龙虾在高密度、差环境下生长。

(2) **体质** 池塘养殖小龙虾体质差，抗病能力弱，易发生病菌感染，是发生死亡高峰的核心原因之一。小龙虾体质差，抗病力弱的产生原因包括：

近亲繁殖，种质退化：小龙虾经过一次放养后，不再放养，每年小龙虾可自行繁殖，但小龙虾在一个封闭的养殖池塘繁殖2～3年后，没有外源小龙虾进入，近亲繁殖会非常严重，种质退化严重，体质极差。

人工投喂，功能器官状态不佳：池塘养殖小龙虾，环境封闭，养殖户通过投喂饲料等方式使小龙虾快速生长，小龙虾生长速度和生长状态与野生环境生长不同。对比野生小龙虾，池塘养殖小龙虾的功能器官特

别是肝脏的健康状态比较差,基本处于亚健康状态,这样会导致小龙虾体质和抗病力较差,这点与其他养殖品种相同,肝脏作为生理机能的核心,需要注意日常养护生理机能健康。

致病菌:池塘养殖小龙虾更容易受到病菌感染而发生爆发性病害,另一核心原因是养殖密度大,经过2~3年养殖,池塘环境内滋生较多小龙虾易感染的致病菌,特别是弧菌,数量多,毒力强,在小龙虾体质较弱的前提下,很容易大量感染,导致发病、死亡。

防控建议:综合以上原因,总结出以下防控方案。

(1)定期向养殖池塘内放入从其他池塘或外沟内捕捞的小龙虾,通过杂交优势,提高整体小龙虾体质。

(2)控制小龙虾养殖密度,捕大留下,轮捕轮放是小龙虾养殖的精髓。控制养殖密度,既可以减少病菌滋生,又有助于养殖出大个体的小龙虾。小龙虾大量死亡,其实也是自身调整密度的方式。

(3)定期在饲料内添加"海王肝康"和"整肠生",养护好小龙虾的功能器官健康。

(4)在发病高峰来临之前,检查小龙虾和养殖环境异常情况,重视在这一时期的消毒工作,但要注意,一定要使用"高电位"和"五黄精华素"之类的安全、高效、无刺激的消毒剂使用。

(5)当发生小龙虾死亡时,使用"天之素3号"+"天之素4号"外泼,同时内服"天之素1号"+"天之素2号"+恩诺沙星,连喂6d,同时,注意养殖环境的修复和小龙虾功能器官的修复和养护。

案例解析:小龙虾死亡高峰案例

区域:湖北省潜江市熊口镇金家厂,养殖户:王运姑,稻田养殖4亩。

养殖问题:进入5月份,小龙虾开始出现死亡,每天两斤左右,死亡时间有十天左右,之后死亡量开始增加。

解决方案:使用"天之素3号"+"天之素4号"外泼,同时内服"天之素1号"+"天之素2号"+恩诺沙星,连喂6d。

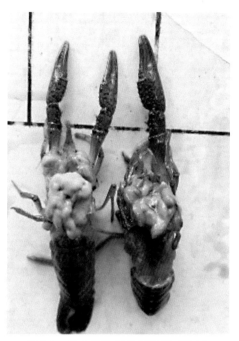

图5-1　发病虾和正常虾肝脏对比图

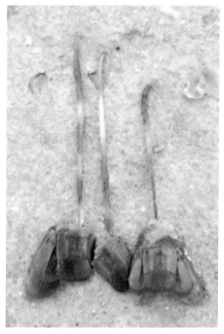
图5-2　发病虾肠道

　　效果跟踪：一周后回访，死亡量大量减少，且病情已得到有效控制。

　　案例分析：本案例是典型的5月份死亡高峰来临后的处理方案，使用上述一套方案，可最大限度地控制龙虾死亡，同时，应该注意，在死亡高峰之前的预防工作没有做到位，主要包括养殖密度的控制、环境的修复、体质的养护三方面。如果通过上述方案控制了病害和死亡，上述三方面的工作同样重要。

二、小红虾问题

　　本病主要表现是小龙虾生长极为缓慢。小龙虾在很小时就开始发红，逐渐变为红壳，生长缓慢，甚至长不大。小龙虾个体虚弱，容易爆发疾病，发生死亡高峰，或长期不明原因死亡。该病的病情主要从以下几方面分析。

（1）**毒素** 小龙虾池塘养殖，水体内会逐渐积累各种各样的毒素，包括重金属、藻毒素、氨氮、亚硝酸盐、硫化氢等，这类毒素会对小龙虾生长产生影响。日常注意解毒工作，解毒最好使用能够全面解毒的产品，防止池塘内有各种未知的毒素。

（2）**种质** 池塘养殖小龙虾模式，容易产生近亲繁殖，种质退化。小龙虾种质退化会产生性早熟、生长缓慢、个体抗病力差等问题。

（3）**致病菌** 池塘养殖小龙虾更容易受到病菌感染而发生爆发性病害，另一核心原因是养殖密度大，经过2～3年养殖，池塘环境内滋生较多小龙虾易感染的致病菌，特别是弧菌，数量多，毒力强，在小龙虾体质较弱的前提下，很容易大量感染，导致发病、死亡。

（4）**脱壳问题** 小龙虾的生长，是通过不断地脱壳、硬壳来完成。如果小龙虾的脱壳、硬壳这一生理功能发生紊乱，无法正常完成，就会产生各种生长问题。

防控建议：综合以上原因，总结出以下防控措施。

（1）定期向养殖池塘内放入从其他池塘或外沟内捕捞的小龙虾，通过杂交优势，提高整体小龙虾体质。

（2）控制小龙虾养殖密度，捕大留下，轮捕轮放。

（3）日常注意养殖环境和体质的养护，特别是水草的养护。

（4）发现小红虾时，尽快把它卖掉，同时，通过补充钙镁等矿物质元素，促进小龙虾脱壳。之后，从外源补充新的种苗，提高池塘内存塘小龙虾的种质。

当前，小红虾存在于各主要养殖区域，特别是养殖两三年以上的养殖池塘，小红虾的出现比例越来越高，

图5-3 小红虾

如：湖北、湖南等省，每年都会有大量的养殖池塘出现小红虾。预防小红虾的出现和小红虾出现后的解决方案，都不是短期可解决的，需要在种质改善、水草养护、补钙脱壳的各方面做好工作，才可逐渐地得到改善。

三、龙虾上岸、上草症

小龙虾在水中不吃食，爬上岸边及水草上不下水，对环境反应迟钝，人经过时也不下水。究其原因，主要是池塘内水质缺氧和水体内有毒素影响。水体缺氧和毒素的来源，主要是池塘水质和底质变差引起的。

因此，为了防止小龙虾出现上岸上草，在日常养殖过程中，注意环境的养护特别是水草和底质的定期养护工作。当发生小龙虾上岸、上草症状时，马上采取解毒、增氧，通过换水、解毒、增氧、改底等工作，促进小龙虾尽快下水。

图5-4 小龙虾大量上草

案例解析：

1. 小龙虾池塘水瘦、缺氧处理案例

区域：湖北潜江肖桥六队，养殖户：徐启培，稻田养虾18亩。

养殖问题：水瘦，容易缺氧，发现小龙虾经常缺氧上草。

解决方案：快速肥水，培养藻类，"氨基酸膏钙肥"配合"超浓氨基EM菌"共同使用，可快速培育藻类。

效果跟踪：三天后水色发绿，缺氧、上草现象缓解。

案例分析：小龙虾养殖前期，水温较低，水体藻类不容易培育，导致水体偏瘦、缺氧，这在小龙虾养殖前期发生几率较高。因此，快速培育出藻类，防止水瘦缺氧和小龙虾上岸上草的发生。

2.小龙虾池塘发黑发臭解决案例

区域：湖北潜江田阳二队，养殖户：胡安平，稻田养殖小龙虾，面积12亩。

养殖问题：田里杂草较多，烂在水里，使水发黑发臭，刚放的虾苗死亡较多。

解决方案：全面、彻底解毒，一般选择"解毒100"，之后通过多次使用"增效分解底改"，净水、改底，改善养殖环境。

效果跟踪：一天后死虾现象消失，三天后测水水质正常，水色较好。

案例分析：小龙虾养殖池塘的养殖环境恶化，会直接导致小龙虾中毒、缺氧而引发大量小龙虾上岸、上草。解决此原因引起的小龙虾上岸、上草的主要方案是快速解决水体内的毒素和缺氧问题，其中，"解毒100"快速解毒，"臭氧底安"和"增效分解底改"交替使用，改善底质，并通过肥水、调水，改善池塘水色和环境，可快速缓解上岸、上草的问题。

3.稻田红黑水调控案例

图5-5　稻田小龙虾养殖红、黑水

区域：湖南省华容县，养殖户：熊健，稻田小龙虾养殖100亩。

养殖问题：由于稻田里有稻秆，进水浸泡后，水质发红、发黑。这种水体内含有多种未知的毒素，小龙虾出现上草、爬边等现象。

解决方案：稻秆浸泡后，水体发红、发黑是比较普遍的现象，一般选择快速换水的方式，浸泡3～5d后，排掉红、黑水，再进水浸泡3～5d，再排掉，之后再进水，如此进排水2～3次，之后选择"解毒100"+"万能调水素"，第二天快速肥水，藻类繁殖起来后，水体发绿，红、黑水问题才算解决。

效果跟踪：通过一整套方案的进行，稻田水质调整为嫩绿色，小龙虾的生长状态明显改善。

案例解析：稻田养殖小龙虾，由于稻梗经过水的浸泡，发生腐烂而使水体发红、发黑，同时水体内含有大量的未知毒素，会导致大量的小龙虾上岸、上草的出现，且在稻田养殖小龙虾的池塘出现几率很高。因此，掌握上述的解决方案，可有效解决稻田养殖小龙虾水体发红发黑导致小龙虾上岸、上草的问题。

4.小龙虾塘水草养护案例

图5-6　水草腐烂

图5-7　水草根部腐烂

养殖户：李广军，地点：湖北洪湖大同湖农场

养殖问题：新挖池塘，伊乐藻长势不好，扎根差，检查根部腐烂严重，白色须根较少，易上浮。

解决方案：少量多次使用水草长根肥和叶面肥，促进伊乐藻新根的生长。只有新根正常生长和扎根后，水草才能恢复活力。

效果跟踪：经过2～3次使用"粒粒草根壮"，伊乐藻的白根明显增多，茎叶恢复嫩绿和活力。

案例分析：水草的养护是小龙虾养殖成功与否的关键环节之一。水草不种，或者水草没有种好，或者水草种好后没有养护好，都会导致小龙虾养殖的失败，特别是没有种好草，或者水草没有养护好，会导致水草的大量死亡、腐烂，严重破坏养殖环境，导致小龙虾上岸、上草、甚至病害的大面积暴发。

5.青苔问题处理案例

图5-8　青苔处理前后对比

区域：湖北省潜江市熊口镇孙桥村，养殖户：尹同生，稻田养虾9亩。

养殖问题：由于未重视稻田的前期肥水环节，导致在3月份水面大量生长青苔。青苔几乎覆盖整个水面，严重影响藻类、水草和小龙虾正常的生长。

解决方案：建议使用"杀苔护草安"。

效果跟踪：三天后青苔大部分开始发黄发黑，效果比较好，养殖户也很认可。

案例分析：青苔是小龙虾养殖过程中普遍存在的一种养殖问题。一旦青苔暴发，会使水体营养严重失衡，严重破坏养殖环境，经常会导致小龙虾出现上岸、上草的情况。因此，在未出现青苔时，使用"超级硅藻王"和"超浓氨基EM菌"快速肥水，调整出优良水色，保持正常的水体透明度，是控制青苔发生的最有效措施。当青苔已经发生时，利用"杀苔护草安"快速杀灭青苔，之后通过快速肥水、调水，控制水体透明的方法，可有效控制青苔的影响。

6. 油膜水的处理案例

图5-9　油膜水

区域：湖北洪湖大同湖8场，养殖户：朱敦豪，小龙虾养殖30亩。

养殖问题：养殖塘下风处有油膜泡沫，大量小龙虾上岸、上草。

解决方案：首先使用"全能"和"解毒100"，之后采取"增效分解底改"改底，"贝斯特"调水。

效果跟踪：第2天去塘口跟踪效果，下风处的油膜情况明显有所好转，小龙虾上岸、上草明显改观，第三天再过去观察效果，下风处基本没有了，水草上的也没有了，水草恢复了自净能力，活力很好。小龙虾已经基本下去，之后也没有再出现油膜泡沫的现象。

案例分析：小龙虾池塘油膜、泡沫的大量出现，表明养殖水质环境的急剧恶化。养殖环境的恶化，会导致水体毒素增高，小龙虾缺氧，因此会伴随小龙虾上岸、上草的发生。快速解毒、增氧，改善养殖环境，可快速解决问题。

四、烂鳃病

小龙虾烂鳃病主要是由环境和细菌感染共同作用导致的，首先，环境恶化导致小龙虾鳃丝开始出现损坏，正常的鳃丝颜色是白色的，鳃丝完整、整齐。当鳃丝受损后，会开始逐渐变黄、发黑，且鳃丝开始黏液增多，粘上很多污物。之后，随着细菌感染加重，鳃丝变黑、腐烂，龙虾开始大批死亡。

小龙虾烂鳃病的防治，应该从环境调理和消毒杀菌两方面进行。首先，养护好养殖环境，减少水体内毒素和杂质对鳃丝的破坏和刺激，其次，用安全、高效、无刺激性的消毒剂定期对水体进行杀菌、消毒。

案例解析：小龙虾黄鳃、黑鳃，"打殃"处理案例。

图5-10 小龙虾烂鳃，开天窗　　图5-11 小龙虾黄鳃　　图5-12 小龙虾黑鳃

1.区域：湖北洪湖大同湖，客户：李广军，小龙虾养殖20亩。

养殖问题：水质偏瘦，部分龙虾行动力差，趴边趴草，用手能抓到，俗称"打烊"。小龙虾出水容易死亡，鳃丝发黑、发黄，肝脏颜色不正常。

解决方案：先使用"增效分解底改"改底一次，之后，使用"强力进口VC"和"葡萄糖酸钙"全池外泼，提高抗应激能力，促进体质恢复，第二天使用"高电位"和"五黄精华素"消毒，同时内服"海王肝康"和"整肠生"，下午，使用"超浓氨基EM菌"，快速肥水、稳水。

效果跟踪：用药第三天趴边情况明显减少，活动力增强。

2.区域：湖北监利朱河镇，养殖户：陈诗华，小龙虾养殖20亩。

养殖问题：之前持续的雨天导致了池塘水质变差，大部分呈泥浆混，且透明度低，藻类生长差，这两天连续高温，细菌滋生，导致龙虾出现黑黄鳃，开始死亡。解决方案：第一天先使用"解毒100"解毒，第二天使用"高电位"配合"五黄精华素"共同使用，同时开始内服"海王肝康"和"整肠生"。

效果跟踪：第二天死亡量就开始减少，水也变得透亮一些，产品方案效果很明显。

案例分析：此案例显示出小龙虾"打烊"是由于环境和细菌感染，导致龙虾鳃丝感染，黄鳃、黑鳃、烂鳃的发生。优化养殖环境，同时使用安全、高效、无刺激的消毒剂，控制致病菌，可有效控制该问题。

五、肠炎病

小龙虾是一种杂食性动物，对食物的选择和营养的需求没有一个特定的食物源，什么都吃，导致小龙虾容易产生消化道疾病，特别是容易导致肝脏、肠道的病变。

肠炎病发时，小龙虾肠道断节，部分呈蓝色，肝脏变白等。日常投饵出现问题或肠道内细菌感染等，都会导致肠炎的发生。因此，在日常注意选择正确的饵料和正确的饵料投喂方式，定期在饲料内添加养护肝脏、肠道的产品，防止肠炎发生。当发生肠炎时，水体消毒、内服消炎药，治疗肠炎。

案例解析：小龙虾肠炎处理案例

区域：湖南省华容县，养殖户：熊健 稻田养虾面积100亩

养殖问题：虾肠炎比较严重，虾摄食不正常。

解决方案：保肝产品配合整肠生内服，连用5d，虾摄食正常，肠道炎症消失，肠道粗大。

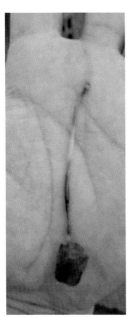
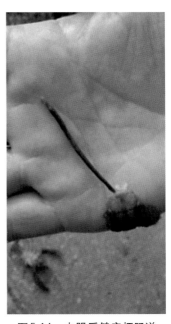

图5-13 发病虾肠道状态　　　　图5-14 内服后健康虾肠道

案例分析：肠炎是小龙虾常见病害之一，特别是在发病高峰期，小龙虾爆发性疾病发生之前都会出现肠炎症状。因此，日常养护好肠道，防止肠炎病害的发生，能够有效控制小龙虾爆发性疾病的发生。

六、尾部"水泡"病

小龙虾尾部出现水肿，就像气泡一样，发现这种情况一般都是由于细菌感染所致。早期，感染尾部会有气泡，不影响吃食和活动，但如果不及时防控，会出现甲壳溃疡，小龙虾逐渐死亡。防控该疾病的发生，首先注意避免体表损伤，同时定期进行水体消毒杀菌。当出现"水泡"时，连用两次"高电位"和"五黄精华素"，安全、高效、无刺激，问题解决快速、彻底。

图5-15 小龙虾尾部感染，起水泡

七、肝脏病变

小龙虾正常的肝脏是深黄色，肝脏的表面有清晰的血丝分布，肝脏有弹性，形状规则，包被完整，解剖后不易取出。病变后的肝脏发白、发暗，肝脏有糜烂，弹性差，解剖时，很容易脱落。小龙虾活力很差，同时伴有肠炎、烂鳃等细菌感染病症。防止肝脏发生病变，应注意在日常养殖过程中对肝脏的养护工作。主要包括：水质养护，防止水体内的毒素、杂质等刺激龙虾肝脏；科学投喂，注意投喂优质饵料和多品种投喂，防止单一投喂导致营养不均衡，增加肝脏负担；日常定期投喂护肝养肝产品，保持肝脏始终处于最佳的工作状态。

案例解析：小龙虾长期不明原因死亡

图5-16　小龙虾肝脏坏死

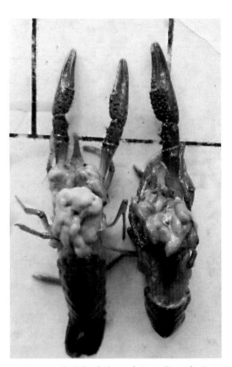
图5-17　小龙虾病变肝脏和正常肝脏对比

区域：湖北潜江市李鹏村，养殖户：李光明，小龙虾养殖20亩。

养殖问题：小龙虾状态较差，吃料不好，每天死亡十几斤，持续了较长时间，检查肝脏发白，活力较差。

解决方案：第一天上午泼洒"解毒100"配合"全能"，解除水体毒素，增加水体溶氧，下午"强力进口 VC"配合"氨基葡萄糖酸钙"，同时内服"海王肝康"，"整肠生"，养护肝脏修复。

效果跟踪：死亡量每天都在减少，经过两次使用后，停止死亡。

案例分析：肝脏是小龙虾重要的功能器官，小龙虾病害的发生，都会伴随着肝脏的病变同时发生。因此，当小龙虾出现慢性病症，如吃料不好、脱壳不畅、不明原因长期死亡等现象时，肝脏的养护工作显然没有到位。及时修复肝脏，不仅可以缓解当前病症，还可以有效预防更严重病害的发生。

八、脱壳不遂的处理

小龙虾脱壳不遂症主要指小龙虾无法正常脱掉旧壳，脱壳无法正常进行，生长也就会停止，并逐渐死亡。因此，应注意观察小龙虾脱壳情况，发现异常立即处理。

小龙虾脱壳不遂的原因主要有：水体环境恶劣：水草覆盖面小，水中有机质过多造成水质恶化，溶解氧含量偏低。气候突变：由于早春气候不稳定，应激致使小龙虾体质严重下降，导致脱壳困难。营养元素缺乏：保水性差的塘口，钙、磷、铁、锌、硒等营养元素严重缺乏；饲料中没有补充矿物质元素、复合维生素和蜕壳素，都会使小龙虾因营养不良而造成脱壳障碍。病敌害侵袭：带病带伤的小龙虾极易发生脱壳不遂。池塘毒素较重：每年大面积清塘药物的使用，导致池塘底泥毒素较重，导致小龙虾无法脱壳。

针对导致小龙虾脱壳不遂产生的原因，日常养殖过程中，注意环境的养护和矿物质元素的补充，可有效控制脱壳不遂的发生。

案例解析：小龙虾脱壳及软壳处理案例

区域：湖北洪湖大同湖3场，养殖户：王老板，小龙虾养殖36亩。

养殖问题：小龙虾软壳，出现脱壳不遂的现象。

解决方案：先用"全能"，两小时后，用"强力进口 VC"+"氨基葡萄糖酸钙"，快速补钙，增强体质。

效果跟踪：第3天早上，养殖户反映小龙虾脱壳恢复正常，软壳变硬，吃料和生长状况明显改善。

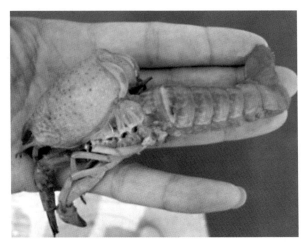

图5-18 刚蜕壳的小龙虾　　　　图5-19 小龙虾新蜕的壳

案例分析：小龙虾的生长需要不断地脱壳、硬壳来完成。如果出现脱壳不遂、甲壳硬不起来等问题，表明养殖水体或小龙虾自身存在问题。在环境优化、体质养护工作做到位时，水体内是否缺乏钙、镁等微量元素，也会成为影响小龙虾正常脱壳、硬壳的因素，因为在高密度养殖条件下，微量元素的供应缺失是较常见的一种养殖问题。

九、锈底板

小龙虾底部脏，发黑、发锈，一般是由于水草没有种好，或者没有养护好，水草大面积腐烂死亡，池底恶化、底黑、底泥、有机污染物过多导致。

日常养殖中，定期改良黑臭底质，并保护好水草。水草长得好的池塘，小龙虾一般不会发生黑底板、黄底板。发现锈底板的，使用底质改良剂改善底质，会有一定的清洁效果。

十、纤毛虫病

该病主要由聚缩虫、累枝虫、单缩虫、钟形虫等寄生虫引起的疾病。纤毛虫常固着生长在小龙虾体表各部位，呈棕色、黄绿色或灰黑色绒毛状，病虾体表污物较多，虾体消瘦，行动迟缓，呼吸困难，进食减少，常溜边不动，用手易抓到，手摸体表和附肢有滑腻。剥开甲壳，鳃呈黄色或黑色且附着许多污物，说明鳃部受到侵袭，严重时，可堵塞进出水孔，使小龙虾窒息死亡。

纤毛虫的发生，主要原因是生长环境不好，导致水体和底部蓄积大量有机杂质，特别是水体内含有大量的溶解性有机质，导致水体发黏，小龙虾体表也黏附了大量的有机黏液。黏液为纤毛虫的生长提供了良好的寄生和营养条件。因此，预防纤毛虫的发生，应该从优化水质和底质两方面进行。当发生纤毛虫时，使用安全、高效、无刺激性的杀虫剂，驱杀纤毛虫，同时，改善水质和底质环境，使用钙、镁等矿物质营养物质，促进小龙虾脱壳，小龙虾可恢复健康。

图5-20　感染纤毛虫的小龙虾

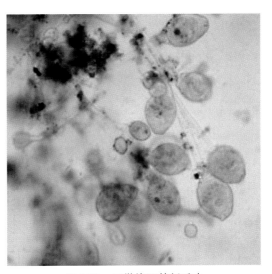

图5-21　显微镜下的纤毛虫

案例解析：小龙虾养殖塘水质和纤毛虫处理。

区域：湖北洪湖大同湖8场，养殖户：李泽朝，小龙虾养殖塘28亩。

养殖问题：池塘水色白浊，有机杂质较多，小龙虾有上岸、上草情况，虾表壳缺乏光泽，镜检有大量纤毛虫。

解决方案：首先使用"驱虫素2号"进行处理，控制水体内浮游动物的数量，之后，"解毒100"加"全能"，立体改善养殖环境，第二天开始使用"80纤毛净"，控制纤毛虫。

效果跟踪：第三天未发现小龙虾上岸上草，吃食正常，第四天镜检未发现纤毛虫，水色转好。

案例分析：通过这一案例，可以分析出小龙虾养殖纤毛虫的发生，水体环境差和水体内有机质含量高是主因。通透水体，分解水体有机质，降低水体黏性，可有效控制纤毛虫的发生。当纤毛虫发生后，可以选择安全有效产品杀灭纤毛虫，控制病情的恶化。

第六章 小龙虾养殖效益分析

经过近几年小龙虾养殖的实践，广大养殖户体会到小龙虾养殖是一种低风险、低投入、高效益的养殖品种。在掌握正确的养殖模式后，小龙虾养殖的高性价比和较低的养殖风险，使得小龙虾的养殖面积在全国的主要水产养殖区和水稻种植区迅速扩大，养殖户的积极性也是空前的高涨。鉴于当前的养殖形势，对小龙虾的养殖效益进行详尽的分析，显得很有必要。

本效益分析是根据小龙虾不同的养殖模式来分类进行的。小龙虾苗种和商品虾的价格波动较大，价格和效益的计算，以大众化的标准进行。

一、池塘养殖模式效益分析

（一）第一年池塘养殖

亩投入：

1. 塘租：800元；

2. 池塘改造：500元，包括池塘的整理和防逃设施的搭建；

3. 苗种：1 000元（前期价格较高，20～30元/斤，后期价格较低，6～10元/斤，轮捕轮放，分批投放。根据商品虾的捕捞状况，适时适量补苗，总体放苗80～100斤/亩）；

4. 饲料：1 000元（包括配合饲料、玉米、豆粕、小麦、南瓜等多种饲料）；

5. 药品、水草等其他投入：200元。

亩产出：

小龙虾生长速度快，在投放100～200只/斤的虾苗后，30d左右就可以开始逐渐捕捞上市，之后每天或两天一次分批捕捞上市，轮捕轮放，选择价格高的时候。小龙虾病害高发期来临之前上市，价格低的阶段养殖，可最大限度地提高养殖效益。

小龙虾一般在2、3月份放苗，之后3～5月份上市，越早上市，价格越高。5月份是小龙虾发病高峰，且价格最低，尽量把成虾在5月上旬之前销售，降低养殖密度，并可补充低价虾苗继续养殖，6～8月份上市，并留部分种虾。两次上市高峰，亩产可达到500～800斤/亩，亩产出可达8 000～12 000元。

经过亩投入和亩产出对比，亩经济效益可达4 500～8 500元。

效益实例：

区域：湖北省潜江市总口镇总厂，养殖户：刘荣琪，小龙虾池塘养殖面积20亩。

亩投入：虾苗：80斤/亩，20元/斤，共1 600元；围膜：500元/亩；饲料：1 200元/亩；药品、水草等其他：200元/亩。

亩收入：成虾：600斤/亩，15元/斤均价，共计9 000元。

纯收入：9000-3500=5500元。

（二）养殖一年以上的池塘养殖

亩投入：

1. 塘租：800元；

2. 种虾：100元（主要是为了防止小龙虾近亲繁殖，种质下降，在每年的7、8月份补充种虾，亩投放5～10斤）；

3. 饲料：1 500元（包括配合饲料、玉米、豆粕、小麦、南瓜等多种饲料）；

4. 药品、水草等其他投入：200元。

亩产出：

1. 苗种：2 000～3 000元（留有种虾的池塘，要卖掉一部分自己池塘内繁殖出的虾苗，由于出苗较晚，价格没有优势，一般亩出苗量在

200 ～ 300斤）；

2．成虾：8 000 ～ 12 000元。

由上可计算出，亩效益可达8 000 ～ 12 000元。

效益实例：

区域：湖北省洪湖市大同湖镇，养殖户：章光敏，小龙虾池塘养殖面积10亩，养殖第三年。

亩投入：塘租：500元/亩；种虾：10斤/亩，20元/斤，200元/亩；

饲料：1 500元/亩；药品、水电等投入：200元/亩。

亩产出：虾苗：150斤/亩，15元/斤，计2 250元；成虾：600斤/亩，15元/斤，计9 000元；纯收入：2250元+9000元-2400元=8850元。

二、稻田养殖模式效益分析

（一）第一年稻田养殖

亩投入：

1．塘租：800元；

2．池塘改造：300元，包括池塘的整理和防逃设施的搭建；

3．苗种：800元（6月份之后要种稻，因此，放苗要早，价格较贵）；

4．饲料：700元（包括配合饲料、玉米、豆粕、小麦、南瓜等多种饲料）；

5．药品、水草等其他投入：200元。

亩产出：

稻田第一年养殖小龙虾，放苗早，上市早，但要在6月份之前卖完，改种水稻，5月份价格较低，因此前期效益高、后期效益低。按照亩产300 ～ 500斤计算，总体亩产出，小龙虾可达5 000 ～ 7 000元，水稻1 000元。

由此可算出，亩效益可达3 000 ～ 5 000元。

效益实例：

区域：湖北省潜江市总口镇9分厂，养殖户：胡文兵，稻田养殖小龙虾20亩。

亩投入：塘租：500元/亩；虾苗：50斤/亩，20元/斤，1 000元/亩；

池塘整理费：300元/亩；饲料：600元/亩；药品等其他：200元/亩；谷种：300元/亩；成本共计：2 900元/亩。

亩收入：成虾：350斤，18元/斤，计6 300元；稻谷：1 300斤，1元/斤，计1 300元；纯收入：6300+1300-2900=4700元。

(二)养殖一年以上的稻田养殖

亩投入：

1.塘租：800元；

2.种虾：100元（主要是为了防止小龙虾近亲繁殖，种质下降，在每年的7、8月份补充种虾，亩投放5-10斤）；

3.饲料：1 000元（包括配合饲料、玉米、豆粕、小麦、南瓜等多种饲料）；

4.药品、水草等其他投入：200元。

亩产出：

1.苗种：4 000～5 000元（稻田留有种虾，第二年虾苗出的早，价格较高，一般亩出苗量在200-300斤）；

2.成虾：5 000～7 000元。

3.水稻：1 000元

由上可计算出，亩效益可达8 000～11 000元。

效益实例：

区域：湖南省益阳市茈湖口镇，养殖户：王亚先，稻田养殖小龙虾92亩，养殖第三年。

亩投入：塘租：500元/亩；种虾：8斤/亩，15元/斤，计120元/亩；

饲料：1 500元/亩；药品等其他投入：500元/亩（肥料、菌制剂使用量大，使用频率高，目的是保持水体内浮游动物生物量，培育虾苗）；

谷种：300元/亩。

　　亩产出：虾苗：300斤/亩，28元/斤，计8 400元/亩；成虾：400斤/亩，15元/斤，计6 000元/亩；稻谷：没有收，直接水泡肥田；纯收入：8400元+6000元-2920元=11480元。

三、藕塘养殖模式效益分析

　　藕塘养殖小龙虾的经济效益不如池塘和稻田，因为荷叶长成后，留给小龙虾养殖投喂和生长的空间很小，很多养殖户就不投喂饲料，小龙虾基本是以散养模式进行，但藕塘的小龙虾养殖通过前期销售苗种和前期早上市成虾，也会有不错的养殖效益，一般通过套养小龙虾，藕田可增收3 000元左右。

参考文献

[1] 史登勇，朱丽娅，小龙虾养殖技术系列谈，渔业致富指南，2007-3 ~ 2007-9

[2] 王万兵，小龙虾池塘高效养殖技术，渔业致富指南，2007-19

[3] 冯亚明，藕田套养小龙虾高效生态养殖技术，科学养鱼，2003-1

[4] 凌剑，陈玲，淡水龙虾仿生态养殖技术，渔业致富指南，2005-20 ~ 2006-2

[5] 刘殿如，张爱斌，稻田养殖龙虾连作技术，渔业致富指南，2007-19

[6] 韩其增，池塘养殖淡水龙虾的关键技术，内陆水产，2007-7

鸣　谢

上海海洋大学管卫兵、马旭洲、张文博、王磊，众合发（北京）生物科技发展有限公司汪龙、贺刚、章光敏、雷聪聪、夏满，以及各位提供小龙虾养殖技术参数和案例的养殖户朋友。

图书在版编目（CIP）数据

小龙虾高效养殖技术 / 刘杰主编． — 北京：中国
农业出版社，2018.2（2018.11重印）
ISBN 978-7-109-23895-4

Ⅰ．①小⋯　Ⅱ．①刘⋯　Ⅲ．①龙虾科-淡水养殖
Ⅳ．①S966.12

中国版本图书馆CIP数据核字（2018）第013593号

中国农业出版社出版
（北京市朝阳区农展馆北路2号）
（邮政编码　100125）
责任编辑　张　志

中国农业出版社印刷厂印刷　　新华书店北京发行所发行
2018年2月第1版　　2018年11月北京第3次印刷

开本：700mm×1000mm　1/16　　印张：6.5
字数：86千字
定价：28.00元
（凡本版图书出现印刷、装订错误，请向出版社发行部调换）